媒介与文明译丛
Media and Civilization

丛书主编 唐海江

媒介的欺骗性

后图灵时代的
人工智能和社会生活

Deceitful Media:
Artificial Intelligence and Social Life
after the Turning Test

[意] 西蒙尼·纳塔莱 (Simone Natale) 著

汪 让 译

复旦大學 出版社

总　序

　　百余年前,被誉为"舆论界之骄子"的梁启超在面对由新报和新知涌入而引发的中国思想和社会变局时,发出了"中国千年未遇之剧变"的感叹。相较之下,百余年后的今天,数字技术带来的社会变革给国人生活方式和思维方式带来的冲击,与梁启超时代相比又岂能同日而语? 追问当下,目前公众、政府和科学工作者热议的人工智能和5G技术,以及可以想见的日新月异的技术迭代,又会将我们及我们的后代抛到何种境遇? 于是,一系列新名词、新概念蜂拥而来:后真相、后人类、后人文……我们似乎比以往更加直面人类文明史上最古老而又反复回响的命题:我们是谁?

　　面对这一疑虑,"媒介与文明"译丛正式与大家见面了。关于媒介研究的译著,在中文世界目前已是不少,一方面与上述媒介技术的快速发展有关,另一方面也与近年来学术界"媒介转向"的潮流相呼应。但遗憾的是,有关历史和文明维度的媒介研究的译著却屈指可数,且不少译著以既定的学科视野对作品加以分类,这不仅严重限制了媒介研究本应有的阐释力,也极大削弱了对当下世界变化的纵深理解和想象力,难免给人"只在此山中,云深不知处"的感觉。本译丛旨在打破当下有关媒介研究的知识际遇,提供历史与当下、中国与西方的跨时空对话,以一种独特的方式回应现实。借此,读者可以从媒介的视野重新打量人类文明和历史,并对人类文明的演变形成新知识、新判断和新洞见。

在此,有必要对译丛主题稍作解释。何谓"媒介"? 这是国内媒介学者经常会遇到的一个问题。这反映出中国缺乏媒介研究的学术传统,"媒介"给人以游垠无根之感,同时也因近年来西方研究中的媒介概念纷至沓来,"变体"多多,有点让人无所适从。实际上,媒介概念在西方世界也非历史悠长。直到 19 世纪后期随着新技术的推动,"媒介"才从艺术概念体系中脱颖而出,成为新的常规词。此后,随着媒介研究的扩展,其概念也在不断演化和发展。在此过程中,人们用媒介概念重新打量过往的历史(包括媒介概念缺席的历史),孕育和催生出诸多优秀成果,甚至形塑了各具特色、风格迥异的话语体系或者"学派",为国人提供了诸多可供借鉴的思想资源。

鉴于此,本译丛对于"媒介"的使用和理解并非拘泥于某种既定的、单一的意义,而是将其作为一种视野,一种总体的研究取向,一种方法论的实施,以此解析人类文明的过往、当下和未来。也就是说,媒介在此不仅仅是既有学科门类所关注的具体对象,还是试图跨过学科壁垒,探讨媒介和技术如何形塑和改变知识与信息、时间与空间、主体与客体、战争与死亡、感知与审美等人类文明史上的核心主题和操作实践。

基于以上考虑,本译丛初步定位为:

一、题材偏向历史和文明的纵深维度;

二、以媒介为视野,不拘泥于媒介的单一定义;

三、研究具有范例性和前沿性价值。

翻译就是一种对话,既是中西对话,可以从媒介视野生发有关中国的问题域,同时也是历史与当下的对话。正如本译丛所呈现的,倘若诸如主体性、时间性、空间性、审美体验、知识变革等议题,借助历史的追问和梳理,可以为数字化、智能化时代的人类命运和中国文明的走向提供某种智识和启迪,那么,译丛的目的也就达到了。

"媒介与文明"译丛并不主张以规模、阵势取胜,而是希望精挑细译一些有价值、有代表性的研究成果,成熟一部,推出一部。由于编者视野有限,希望各方专家推荐优秀作品,以充实这一译丛。

最后,译丛的推出要感谢华中科技大学新闻与信息传播学院各位领导和老师的支持,也要感谢复旦大学出版社领导和各位工作人员对这一"偏冷"题材的厚爱。同时,尤其要感谢丛书的译者。在当今的学术市场上,译书是件费力不讨好的事,但是大家因为对于新知的兴趣走到了一起。嘤嘤其鸣,以求友声,也期待更多的同道投入到这一领域。

是为序。

唐海江

2018 年 12 月

中文版序

　　自《媒介的欺骗性：后图灵时代的人工智能和社会生活》（以下简称《媒介的欺骗性》）英文原版面世不过两年，人工智能的世界里就已经发生了很多变化。新的生成式人工智能系统（generative AI systems）在生成文本和图像以及与人类用户进行对话等方面表现出更强的能力，超越了本书最初出版时我在人工智能领域所能观察到的一切。尽管仍然有很大的限制，但如 OpenAI 的 ChatGPT、谷歌的 Bard 和近期由中国百度公司开发的 Ernie 等语言模型都证明了人工智能程序能够在经过训练后生成足以与人类进行交流的文本和回应。更为重要的是，这些文本和回应可以在写作、头脑风暴和其他智力活动中协助人类工作。

　　不过，这些新的发展并没有使我在《媒介的欺骗性》中提出的观点变得无关紧要——它反而变得更重要了。正如本书所展示的，艾伦·图灵在 20 世纪中期提出了"模仿游戏"，拉开了人工智能拟人化发展的帷幕，而新的生成式人工智能系统正是延续了这一历史脉络，变得越来越有能力被误判为人类。这让我们不禁开始思考能使人类用户将智能性、社会性、人性和创造性投射到机器上的环境动

1

态。因此,与以往任何时候相比,我们都更应叩问的根本性问题不是计算机是否拥有智能,而是它们在何种程度上以及通过何种方式,能够表现出智能。

正是出于上述原因,设计师、计算机科学家和专家们开始越来越重视那些乍一看上去无关紧要,或者说"庸常"的设计选择(读者将会发现,"庸常"正是本书的核心术语)。例如,许多基于生成式人工智能的聊天机器人被编程为以第一人称单数的方式交谈(如"我能为你做些什么?"),这将影响用户将它们拟人化的程度。同时,这些聊天机器人的响应界面通常被设计成渐进式的,就好像回复的内容是聊天机器人一个字一个字地打出来的,这也会影响用户对系统的感知,进而影响他们与系统的交互。在这方面,"庸常欺骗"的概念提供了一个有价值的理论分析视角,可以供读者思考诸如人工智能伦理和新一代生成式人工智能的设计规范等重大问题。事实上,在生成式人工智能时代,即使我们始终清楚自己是在与机器而不是人类对话,我们与计算系统的关系仍然具有较之以往更加微妙和隐蔽的欺骗属性。

多亏了中译本,本书将会被更多的中国读者看到。这实在是令我开心和满足,因为我尤其相信,本书的一个关键启示便是在不同的文化环境中思考人工智能。正如书中所示,人类通过自己独特的方式来感知人工智能并与之互动,从而了解其效果和影响。因此,人工智能是多元性的,就如同多元的人类文化。尤其重要的是,我们不应将人工智能视为一个普遍性的存在,而应意识到其始终处于特定的文化语境中,其中便包括现代中国的许多文化和亚文化领域。此外,如果生成式人工智能已经在形塑人类进行意义建构的文化,那我们也可以通过多种努力来引导和揭示这些影响。正如我在本书的结论中所说,人工智能的庸常欺骗应该激励我们成为更成熟的用户。我们可以用各种方式朝着这个方向努力,我毫不怀疑中国的开发者、设计师和用户(比如从正在阅读本书序言的你开始)将找到自己独特的方法和策略来开发、设计、使用和理解生成式人工智能。

让我以一则个人故事来结束这篇序言吧。写下这段话时,我正在祖父恩里科·纳塔莱(Enrico Natale)的旧居里。透过面前的窗户,我看到了热那亚附近的提古利奥海湾——祖父也一定无数次地欣赏过这片风景。我未曾见过祖父,他在我出生前就去世了,但这所房子里留下的许多物品都生动地彰显着他的存在。房屋里有他在 20 世纪六七十年代到中国旅行时收集的花瓶和陶俑,当时他的小公司从中国进口纺织品并销往意大利。希望读者能原谅我在此进行一个小小的想象,因为祖父在那趟远在我出生之前的中国之行中遇到了许多热情接待他的中国友人,所以我希望本书读者中有人,哪怕只有一个,与他的这些旧友有所关联。

在此,谨对中译本的译者汪让、编辑刘畅,以及复旦大学出版社每一位为本书作出贡献的工作人员和本书的读者,表示深切的感谢。

西蒙尼·纳塔莱
于意大利圣彼得罗-罗韦雷托村(热那亚)
2023 年 8 月

目　录

致　谢

　　当我开始写这本书的时候，我有一个关于科幻故事的想法。我可能永远也不会将它写出来，所以在这里说说它的情节也无妨。一个名为艾伦的女人被电话吵醒了，是她丈夫打来的。他的声音有些奇怪，听起来忧心忡忡，而且有点跑调。这个故事发生在不久的将来，那时的人工智能（AI）已经变得非常高效，虚拟助手可以通过复制你的声音来代表你打电话。它的模仿十分准确，甚至可以骗过你最亲近的家人和朋友。然而，艾伦和丈夫事先约定过永远不会使用 AI 来交流。不过，那天早上丈夫的声音听起来并不像他自己。后来，艾伦发现丈夫在前一天晚上去世了，就在他们打电话前的几个小时。因此，这个电话应该是 AI 助手打来的。艾伦对丈夫的离去感到沮丧，一遍又一遍地听着对话，直到最终发现了一些线索来解开谜团。其实，这个我还没有写就的科幻故事也是一个犯罪故事。为了找到丈夫死亡的真相，艾伦需要解读最后一通电话的对话内容。在这个过程中，她还必须确定究竟哪些话是丈夫想说的，哪些话是模仿丈夫的 AI 想说的，还是两者混杂在一起。

　　本书不是科幻小说，但像许多科幻小说一样，它也试

1

图解读那些我们才开始理解其影响和意义的新技术。我以人工智能的发展历史为线索来指导我的研究。虽然人工智能常常作为绝对前沿的新技术出现,但它的历史其实惊人的漫长。我从 2016 年开始写这本书,最初只打算写图灵测试的文化史,但后续的研究给我带来了令人兴奋和意想不到的发现,最终的成果也远远超出了我最初设想的范围。

许多人阅读并评论了这本书的早期草稿,我的编辑莎拉·汉弗莱维尔(Sarah Humphreville)不仅从一开始就相信这个项目,而且在整个撰写过程中为我提供了重要、及时的建议。助理编辑艾玛·希格顿(Emma Hodgon)对我的帮助也非常大,她非常细致。利亚·亨利克森(Leah Henrickson)对所有章节提供了意见反馈,她的智慧和知识使这本书更进一步。我感谢所有花时间和精力阅读和评论这部作品的人,他们是索尔·阿尔伯特(Saul Albert)、加布里埃尔·巴尔比(Gabriele Balbi)、安德里亚·巴拉托雷(Andrea Ballatore)、保罗·博里(Paolo Bory)、里卡多·法索内(Riccardo Fassone)、安德里亚·古兹曼(Andrea Guzman)、文森佐·伊多内·卡索内(Vincenzo Idone Cassone)、尼可莱塔·莱昂纳迪(Nicoletta Leonardi)、乔纳森·莱萨德(Jonathan Lessard)、佩皮诺·奥托列瓦(Peppino Ortoleva)、本杰明·皮特森(Benjamin Peters)、迈克尔·佩蒂特(Michael Pettit)、泰斯·萨达(Thais Sardá)、赖因·锡克兰(Rein Sikveland)和克里斯蒂安·瓦卡里(Cristian Vaccari)。

在本书的酝酿过程中,我在拉夫堡大学的同事从专业和个人两个方面给予了我持续的支持。我要特别感谢约翰·唐尼(John Downey),在我职业生涯中如此重要又复杂的时刻,他作为一位慷慨的导师教会了我谦虚和正直的重要性。过去几年里,在许多场合,拉夫堡大学的资深工作人员都非常支持我。我要特别感谢艾米莉·凯特利(Emily Keightley)、萨宾娜·米尔奇(Sabina Mihelj)和詹姆斯·斯坦耶(James Stanyer)一直以来的友好帮助。也感谢我的同事和朋友帕瓦斯·比什特(Pawas Bisht)、安德鲁·查德威克(Andrew Chadwick)、大卫·迪肯(David Deacon)、安东尼奥斯·基帕里西亚迪斯(Antonios Kyparissiadis)、莱恩·尼哈根(Line Nyhagen)、阿莲娜·普福泽（Alena Pfoser）、马可·皮诺（Marco Pino）、杰西卡·罗伯斯（Jessica Robles）、泼拉·苏科（Paula Saukko）、迈克尔·斯凯（Michael Skey）、伊丽莎白·斯托克（Elizabeth Stokoe）、瓦科拉夫·斯特卡（Vaclav Stetka）、托马斯·瑟奈尔-里德（Thomas Thurnell-Read）、皮特·耶恩德尔（Peter Yeandle）和多米尼克·莱因（Dominic Wring），以及拉夫堡大学的所有其他同事，是你们让我的工作更轻松、更愉快。

在这个项目的最后阶段，我获得了不莱梅大学媒体、传播与信息研究中心（ZeMKI）的访问奖学金。这是一个很好的讨论作品的机会，给了我空间和时间来反思和写作。与安德烈亚斯·赫普（Andreas Hepp）和扬尼斯·塞奥哈里斯（Yannis Theocharis）的对话特别有助于厘清和深化我的某些想法。我感谢所有 ZeMKI 成员的反馈和友谊，尤其是（但不仅限于）斯蒂芬妮·艾弗贝克-利茨（Stefanie Averbeck-Lietz）、亨德里克·库恩（Hendrik Kühn）、柯丝汀·拉德-安特威勒（Kerstin Radde-Antweiler）和斯蒂芬妮·塞尔（Stephanie Seul），以及其他与我同时期的 ZeMKI 访问学者，包括皮特·伦特（Peter Lunt）、吉斯莱恩·蒂博（Ghislain Thibault）和塞缪尔·范·兰斯贝克（Samuel Van Ransbeeck）。

本书的某些部分是在我往年发表作品的基础上修订而成。具体而言，第三章的部分内容已经在《新媒体与社会》（New Media & Society）上发表，但那个版本与本书中的版本截然不同；第六章的早期版本曾被"传播形构"讨论文稿（the Communicative Figurations Working Papers）系列收录。在此，感谢审稿人和编辑的慷慨反馈。

最后，我要感谢这些年来一直陪伴着我的人，他们是如此美好，任何机器都无法取代。这本书特别献给他们中的三个人：我的两个兄弟姐妹和我的伴侣维奥拉。

我记得我访问了维多利亚女王的一所住宅,即怀特岛的奥斯本宫……在展出的作品中,最引人注目的是一座大理石雕像,那是一只真实比例的毛茸茸的大狗,是女王心爱的宠物"Noble"的肖像。这个雕塑肯定复原了Noble的真实形象,但远不及它本身那样鲜活。我不知道是什么促使我询问导游:"我可以抚摸它吗?"她回答说:"你的举动很有趣,因为所有路过的游客都会伸手抚摸——我们不得不每周清洁雕像。"我认为奥斯本的访客们,包括我自己在内,并不相信魔法。我们并不认为那个雕塑是活的。但是,如果我们没有任何一丝相关想法的话,就不会有那样的反应——那个抚摸的动作中很可能掺杂了讽刺性、娱乐性和一个秘密的愿望,即确认那只是一座大理石雕像而已。

　　　　　　　　　　　　　　　——恩斯特·贡布里希,《艺术与错觉》

绪 论

2018 年 5 月,谷歌(Google)公开展示了其正在进行的项目 Duplex,这是谷歌助手的扩展程序,用于进行电话交谈。谷歌首席执行官桑达尔·皮查伊展示了一段对话录音,该程序模仿人类的声音致电美发店进行预约。Duplex 的合成声音中加入了停顿和犹豫,使其听起来更加可信。这一策略似乎奏效了——商家认为自己在与真人对话,并接受了预约请求[1]。

在接下来的几周里,人们对 Duplex 的表现褒贬不一。质疑主要集中在两个方面。首先,一些人认为 Duplex 的操作是"直接的、蓄意的欺骗"[2],这引发了关于人工智能伪装人类、欺骗用户的伦理讨论。其次,一些人对该演示的真实性表示怀疑。他们指出对话录音中的一系列奇怪之处,如商家从未表明自己的身份、听不到背景噪音、商家从头到尾未向 Duplex 索要联系电话。这表明,谷歌可能篡改了演示,伪造了 Duplex 扮演人类的能力[3]。

围绕 Duplex 的争议反映了长久以来关于人工智能的公共辩论中始终存在的一个趋势。自 20 世纪 50 年代人工智能诞生以来,人们往往以二元对立的方式讨论其取得的成就:不是认为这来自人工智能超凡的能力,就是认为这全部是妄想和欺诈[4]。一次又一次,这些两极分化的言论损耗了我们的辨别力,让我们无法认识到人工智能的真正影响比通常人们认为的更加细微和隐晦。今天,同样的风险依然存在,因为评论家们似乎仍认为问题的关键点在于 Duplex 是否能够成功冒充人类。然而,即使这个谷歌的小工具被证明无法冒充人类，"人工智能真的拥有智能"的这种错觉也不可能被消除。即使没有蓄意的欺瞒误导，人工智能技术也必然伴随各种形式的欺骗。这些欺骗也许不那么明显，不那么直接，却深深影响着人类社会。我们不应仅仅将欺骗视为使用人工智能的可能的后果，而应该将其视为人工智能技术的一个内在构成要素。欺骗性是人工智能运作的核心，就像电路、软件和数据一样，是它运行的基本条件。

本书认为，自计算机时代开始以来，研究人员和开发人员一直在探索如何让用户相信计算机是智能的。通过考察人工智能从起源至今日的发展轨迹，我展示了人工智能科学家如何利用他们对用户的了解，努力在人类与机器之间建立有意义的、高效率的互动。因此，我呼吁重新校准欺骗之于人工智能的意义，批判性地质疑计算机技术如何利用特定的用户感知和心理特征制造"人工智能确实拥有智能"的错觉。

人工智能研究的奠基著作之一，即艾伦·图灵的文章《计算机器与智能》(Computing Machinery and Intelligence, 1950)指出，欺骗或许是人机交互的必然结果。图灵建议，评估计算机时可依据一条准则，即计算机在多大程度上能让与之交互的人类相信它也是人类。这一建议后来被称为图灵测试。尽管欺骗人类从来不是人工智能的主要目标，但计算机科学家们吸纳了图灵的观点，即在人机交互中，不仅要关注机器做了什么，还要关注人类用户做了什么。后者的行为也可以帮助我们解读人工智能的意义和影响。随着强化了人机沟通机制的新型交互系统的诞生，人工智能科学家开始更认真地研究人类对看似智能的机器的反应。这一动态变化体现在现代AI语音助手(如谷歌助手、亚马逊的 Alexa 和苹果的 Siri)的发展历程中，标志着管理用户、计算机系统和联网服务之间交互关系的新型界面已经出现，而其运用的手段正是欺骗。

自图灵奠基性的提议出现之后，人工智能已被纳入认知科学和计算机科学的范畴，孵化了一系列令人印象深刻的技术。从机器翻译到自然语言处理，从计算机视觉到医学图像解释，不少技术现在已经公开使用。相关技术滋养了"强人工智能"之梦的诞生，即一种与人类智能没有区别的机器智能。不过,只有部分科学家重视这个梦想,而其他科学家斥其为不现实。虽然辩论主要集中在追求强人工智能是否会导致类似人类意识或可替代人类意识的机器意识的诞生,但准确来说,我们其实只创造了一系列可以营造"智能"错觉的技术。换句话说,我们创造的不是真正的智慧主体,而是让人类感觉到智能的技术。

纵观关于技术变革的叙事话语变迁,对人工智能和计算机发展史的讨论更多集中在技术能力方面[5]。即使在对话式人工智能遍地开花的今天,这种新技术的普及也仅被视为由神经网络和深度学习的崛起所引发的技术革新而已[6]。虽然有关人工智能如何一步步崭露头角的讨论通常强调编程和计算机技术的演变,但本书重点关注对用户的认识,并洞察他们在其中扮演的角色[7]。采用这种观点将有助于我们意识到,人类将主体能动性(agency)和人性(humanity)投射到非生命体上的倾向在多大程度上使人工智能对社会关系和日常生活产生了潜在的破坏。因此,本书基于一个新的假设,以重新界定关于人工智能的辩论。这个假设是机器主要改变的其实是我们人类。"智能"机器可能会在某一天彻底改变我们的生活。实际上,它们已经在改变我们理解和进行社会互动的方式了。

自从人工智能作为一个新的研究领域出现,其中的许多主要研究人员都声称自己相信人类与机器在本质上是相似的,所以我们有可能创造出一台在所有方面都等同于甚至超过人类智能的计算机。不过,类似的信念其实并没有与"现有的人工智能系统只是营造了智能错觉"这一观点相冲突,甚至前者对后者还构成一种补充。在整个人工智能的发展历史中,许多人已经意识到目前系统的局限性,并努力设计出至少表面看上去足够智能的新程序。在他们看来,"真正的"或"强大的"人工智能终有一天会诞生,而他们手中的模拟程序只是奋进道路上的一小步[8]。理解人类如何进行社会交往,以及如何引导人类将无生命体视作社会成员,对克服人工智能技术的局限而言十分重要。因此,人工智能的研究者们确立了一个研究方向,即基于设计技术,巧妙地利用人类感知和期望,让用户产生正在使用或正与智能系统互动的感觉。本书认为,现代人工智能系统被设计为能够与人类进行社会互动,要理解这些系统,审视上述传统在各时间阶段的历史发展(还尚未有人这样做过)至关重要。为了实现这一目标,我们需要使用新的术语准确地表述人工智能的欺骗性问题。

人类、机器和"庸常欺骗"

当伟大的艺术史学家恩斯特·贡布里希开始探究错觉在艺术史上的作用时,他意识到,具象艺术是在社会传统的局限和人类感知的局限相互作用下出现的。艺术家总是将欺骗融入创作,利用他们对社会传统和感知机制的知识来影响观众[9]。但是,谁会责怪有天赋的画家通过玩弄透视或景深来欺骗观众,从而使画中的场景看起来更有说服力、更"真实"呢?

虽然来自艺术家的欺骗很容易被接受,但来自软件开发者的欺骗,即运用关于用户的知识来改善人机交互,就很可能引起顾虑和批评。事实上,由于"欺骗"一词通常与恶意行为相联系,人工智能和计算机科学界对使用"欺骗"一词来谈论他们的工作持抵触态度,或者只将欺骗视作一种不受欢迎的结果[10]。然而,本书认为,欺骗是植根于人工智能技术的人机交互关系的重要组成部分。可以说,人类天生就易受欺骗,这正是现代媒介诞生的土壤。人类拥有陷入错觉的能力,这一能力也伴随着特定的局限,这些能力和局限孕育了现代媒介。尽管计算机科学家拒绝从这种角度思考欺骗,但他们从历史早期开始就一直致力于利用人类感知思维的能力与极限来达成目标[11]。

欺骗,从广义上讲,涉及使用符号或表征来传达虚假或误导性的印象。社会心理学、哲学和社会学等领域的大量研究表明,欺骗在社会生活中不可避免,且在社会互动和交流中发挥着功能性作用[12]。虽然那些涉及恶意欺骗的情况,如欺诈、诈骗和公然的谎言,形塑了大众对欺骗的普遍理解,但学者们也强调日常生活中那些更不易被觉察的、寻常的欺骗[13]。许多形式的欺骗并不那么轮廓分明,在许多情况下,它们甚至没有被视作欺骗[14]。

哲学家马克·拉索尔从现象学的角度出发,认为"能够被欺骗"是人类体验的固有特性。这种观点影响深远。尽管欺骗通常被理解为一种二元对立状态,即一个人要么被欺骗,要么不被欺骗,但拉索尔认为这种二分法并不能说明人们如何感知和理解外部现实。他认为,被欺骗的可能性在我们的感知机制中根深蒂固,"说我的感知要么真实,要么虚假,这既说不通,也没有意义"。例如,当我在树林里散步,以为自己看到了一只鹿,而实际上只有一片灌木丛,我就被欺骗了。然而,使我在没有鹿的地方看到鹿的感知机制,即我们识别视觉信息的倾向和能力,可能在另一个场合帮我察觉到潜在的危险。拉索尔指出,人类的感官有不足之处,这既是一种限制,也是一种资源,使我们有能力探索外部世界[15]。无独有偶,认知心理学家唐纳德·霍夫曼近日提出,进化使我们的感知逐步发展为有用的错觉,以帮助我们探索物理世界,但这种错觉也可以为技术、广告和设计所操纵和利用[16]。

的确,19世纪末和20世纪初的心理学的制度化已经标志着人们意识到欺骗和错觉是感知心理学中不可或缺的生理层面[17]。理解欺骗的重要性不仅在于研究人们是如何误解世界的,还在于研究他们如何感知和驾驭世界[18]。19世纪和20世纪,关于人们如何被欺骗的知识不断积累,这为各种媒介技术的发展提供了依据。这些技术实践之所以有效,正是充分利用了人类视觉、听觉和触觉的承受力和局限性[19]。正如我在本书中展示的,人工智能的开发人员为了得到想要的结果而延续了这种传统,调动了人类的可欺骗性。人工智能科学家已经洞察用户会如何回应表现出智能的机器,并将这些知识融入软件和机器的设计。

对这种解读方式的一个潜在的反对意见是,它将欺骗等同于"正常"感知,从而消解了欺骗这个概念本身。然而,我认为拒绝对欺骗的二元理解有助于人们重新认识到欺骗其实包含各式各样的情况。这些情况可能后果迥异,但也有相通之处。一方面,欺骗可能包含明确的误导、欺诈和说谎;另一方面,也有一些不那么明确的欺骗形式,它们在很多情况下可能并不被视为欺骗[20]。只有通过识别和研究不那么明显的欺骗,我们才能充分地理解更明显和更直白的欺骗。因此,在指出欺骗的中心地位时,我并不打算暗示所有形式的人工智能都以催眠或操纵为目的。我的主要目标不是确定人工智能是"好"还是"坏",而是探索人工智能的关键特征,审视我们该如何应对它。

例如，像 Jibo 这样的家用机器人和 Replika 这样的伴侣型聊天机器人总是被设计成很可爱的样子，意图唤起主人的共情。这种设计本身看起来是无害的和善意的，因为当它们的外观和行为能激发用户的积极情绪时，它们的陪伴才更有效[21]。然而，如果生产这些系统的公司开始从用户情绪中获利，影响他们的政治观点，那么同样的特征就显得不那么无辜了。家庭机器人和伴侣聊天机器人，以及各种以与人类沟通为目的的人工智能技术，在结构上就内嵌了欺骗性，如外观、人声、语言习惯等元素，都是为了在用户身上产生特定效果。判定这是否能被接受的标准不在于是否存在欺骗，而在于欺骗的后果和意义。从这个角度来讲，拓展欺骗的定义可以提升我们对人工智能和相关技术的潜在风险的理解，抵御从用户与技术互动中获益的公司的力量，并唤起更广泛的审查，以确定这种互动是否对用户有害。

为了区别于直接、蓄意的欺骗，我在本书中提出"庸常欺骗"（banal deception）的概念。它描述了嵌入媒介技术并有助于其融入人们日常生活的欺骗机制和做法，主要包括日常生活中技术和设备调动用户感知和心理特征的种种情况。例如，面对人工智能，人类总是不由自主地"人化"机器，为非生命体赋予主体能动性，为声音赋予性格特征。"庸常"一词描述了那些被认为普遍和不重要的事。我使用这个词的目的是强调这些机制常常被视作理所当然，哪怕它们显著影响了媒介技术的使用和挪用，并深深地嵌入人们日常、普通的生活中[22]。

与蓄意或直接欺骗的方法不同，庸常欺骗并不认为用户或受众是被动的或天真的。恰恰相反，观众总是积极地利用自身能力，主动陷入精妙复杂的欺骗中，如通过陷入电影或电视提供的错觉来获得娱乐。同样的机制在人工智能的例子中也有体现。关于人机交互的研究一再显示，与计算机互动时，用户会沿用与人类互动时的规范和行为，即使他们完全理解计算机和人类之间的区别[23]。乍一看，这似乎是自相矛盾的，好像用户同时抵制和接受欺骗。不过，庸常欺骗的概念恰好为这种明显的矛盾提供了解释。我认为，庸常欺骗的微妙内涵使得用户选择了拥抱欺骗，以便将人工智能更好地融入自己的日常生活，增强人工智能的意义和用处。这并不意味着庸常欺骗是无害的。权力结构往往寄身于平凡而普通的事物中,庸常欺骗最终对社会产生的影响可能比最明显的欺骗还要深远。

在本书中,我确立并强调了区分庸常欺骗的五个关键特征。第一个特征是它的日常性和普通性(everyday and ordinary character)。在研究人们对 AI 语音助手的看法时,安德里亚·古兹曼惊讶地发现了一种不连续性,即对人工智能的普通描述和受访者的实际回答难以衔接[24]。人工智能通常被认为是非凡的,即它们是美梦,抑或噩梦,引发了形而上的讨论,挑战了人类的定义[25]。但是,当她采访 Siri(苹果系统的 AI 语音助手)等系统的用户时,她发现并没有人质疑人类与机器之间的界限。相反,受访者们反思的东西与其他媒介技术引发的讨论颇为相似。比如,使用 AI 助手是否让自己变得懒惰? 或者在别人面前打电话是否不礼貌? 正如古兹曼观察到:"从用户的角度来看,似乎无论是技术本身还是其对自我的影响都没有什么大不了。相反,与会说话的人工智能有关的那部分自我似乎,嗯,很普通——就像其他技术一样[26]。"正是人工智能的这种普通性使庸常欺骗变得如此难以被察觉,但又如此有影响力。它为人工智能技术深入渗透于人们日常体验的方方面面做足了准备,也因此使这种技术有能力融入我们的身份认同和自我构建的内核中[27]。

庸常欺骗的第二个特征是功能性(functionality),即它对用户而言总有一些潜在的价值体现。人机交互领域经常使用表征和隐喻来建立令人放心且容易理解的系统,将计算系统的复杂运行隐藏在界面背后[28]。正如迈克尔·布莱克指出:"想要经由软件创造引人入胜的文化体验,关键在于通过战略性地歪曲呈现软件系统的内部运作来操纵用户对其的感知[29]。"在同一逻辑的引导下,对话式人工智能系统通过调动欺骗性来实现有意义的效果。例如,用户在与 AI 语音助手打交道时表现出的社交礼仪带来了一系列现实好处,即它使用户更易于将这些工具整合到家庭环境和日常生活中,并使嬉笑打闹和情感奖励成为可能[30]。在这种情况下,用户不会把被欺骗视为自己对技术的误解,而是将其视为自己对技术内置可供性的回应。

庸常欺骗的第三个特征是不知觉性(obliviousness),即欺骗没有被视作欺骗，而被视作理所当然的、不受质疑的行为。"无意识行为"的概念曾被用来解释前面提到的明显矛盾，即使用人工智能的用户明白机器不是人，但仍在某种程度上把它们当作人[31]。研究人员依据认知心理学原理，将"无意识"描述为"过度依赖基于过去经验或处于环境依附地位时获取的分类知识和区别知识，以致对当下情境中的新要素（或不同的要素）无知无觉"[32]。这种解释存在的问题是，它暗示有意识和无意识之间存在严格的区别，且只有后者才会导致欺骗。然而，当用户与人工智能互动时，他们对社会行为习惯的重演是充满自我意识和思辨的。例如，尽管用户很清楚机器不会真正理解他们的笑话，他们还是会对 AI 语音助手开玩笑。他们也会在睡觉前对它们说晚安，尽管知道后者不会像人类那样"睡觉"[33]。这些迹象表明，将人类行为划分为有意识和无意识的方式无法捕捉到人机交互行为的复杂性。相比之下，"不知觉性"的概念意味着虽然用户没有把欺骗认定为欺骗，但他们仍可能有意识或无意识地与机器进行社会互动。不知觉性还帮助用户维系了手握控制权的假象——在用户友好时代，这是软件设计的一个关键原则[34]。

庸常欺骗的第四个特征是它的低清晰度（low definition）。虽然这个词通常被用以描述分辨率较低的视频或声音复制格式，但在媒介理论中，它也被用来指代那些在意义建构中需要观众和用户更多参与的媒介[35]。就人工智能而言，文本和语音界面是低清晰度的，因为它们给用户留下了充分的想象空间，可以将性别、种族、阶级和个性等特征赋予无实体的声音或文本。例如，语音助手（如 Alexa 或 Siri）并没有在物理或视觉层面呈现出虚拟的人物外观，但一些线索被嵌入它们的声音、名字和交流内容。正因如此，如同前文提及的人们对 AI 语音助手的感知研究所示，不同用户对 AI 助手的想象各不相同，这也增强了技术个性化作用于用户的效果[36]。相比之下，人形机器人留给用户想象和投射的空间更小，因此它们并非低清晰度的。这也是如今非实体的 AI 语音助手比人形机器人更有影响力的原因，即它们允许用户投射自身的想象，并且允许用户建构意义的能力使这些工具与人们的互动变得更加私人化，更加令人安心，它们也因此比机器人更容易融入我们的日常生活[37]。

庸常欺骗的第五个,也是最为关键的特征是,它不仅仅是被动施加(imposed)到用户身上的,而且是由设计师和开发者有意设计出来的(programmed)。这就是为什么比起"错觉"(illusion)一词,我认为"欺骗"(deception)更贴切。"欺骗"暗示着某种形式的主体能动性,能更清楚地展现人工智能开发者为实现预期效果而付出的主动努力。为了探索和建立庸常欺骗机制,设计师需要构建目标用户的模型或画像。在行动者网络理论(actor-network theory)中,这与"脚本"(script)的概念相对应,特指创新者的工作是将关于世界和用户的愿景或预测"写入"新物体或新技术的技术内容[38]。尽管这往往是对想象力的运用,但它也依靠具体的努力来获得关于用户的知识,或者说关于更广义的"人类"的知识。有关人机交互的近期研究指出:"也许人机交互最困难的部分就是对人的信念、欲望、意图偏好和期望进行建模,并将人机交互置于该模型情境。"[39]本书进行的历史挖掘表明,这种对用户进行建模的工作与人工智能本身一样古老。从交互系统被开发出来之日起,计算机科学家和人工智能研究者就开始探索人类的感知和心理机制如何运作,并试图利用这些知识缩小计算机与用户之间的差距[40]。

必须强调的是,我们对人工智能程序员和开发人员所具备的主体能动性进行思考,与承认用户本身具有主体能动性之间完全兼容。正如许多关于数字媒体的批判性学术研究所示,事实上数字媒体用户经常颠覆和重塑公司及开发者原本的意图和期望[41]。但是,这并不意味着后者没有自己的意图和期望。塔伊娜·布赫最近指出:"软件程序员、设计者和创造者所拥有的文化信仰和价值观很重要。"换句话说,我们应该研究和质疑他们的意图,哪怕从技术和操作中追溯、重建这些意图很困难[42]。

重要的是,庸常欺骗不应被默认为具有消极意义,但这也不意味着它的动态变化可以不受仔细的、具有批判性的调查。本书的一个关键目标是识别和抵制因庸常欺骗被融入人工智能系统而产生的可能存在问题的做法。在这个意义上,揭示庸常欺骗的机制也是邀请大家质询"人"在塑造了人工智能发展方向的话语辩论和工作实践中到底起了什么作用。如同本书描述的历史发展轨迹所示,在整个人工智能的历史中,对"人"的建模实际上是相当有限的。即使计算机的普及范围已经逐渐扩展到更广大的公众，开发者仍经常将用户设想为受过教育的白人男性，这使现代计算机系统中本就存在的长期偏见永久地固化下来[43]。此外，关于用户如何看待和回应特定性别、种族和阶级呈现的研究项目和研究假设已经在界面设计中得以体现，导致许多现代 AI 语音助手拥有了清晰的性别化特征[44]。

还有一个议题是，人工智能中嵌入的庸常欺骗机制在多大程度上改变了那些约束着人类之间和人机之间关系的社会惯例和社会习俗。皮埃尔·布尔迪厄用"惯习"(habitus)一词描述个体借以感知社会世界并作出反应的一系列内在倾向的特质[45]。由于惯习建立在人们过去的经验之上，现在我们与计算机和人工智能交互机会的增长很可能会在未来反映到我们的社会行为上。本书的标题指的是图灵测试之后的人工智能和社会生活，但即使能够通过该测试的计算机程序还没有被创造出来，人工智能中蕴藏的庸常欺骗已经对全世界数百万人的社会生活产生了不可避免的影响。本书的主要目的是厘清庸常欺骗这一概念，揭示其作用机制，以帮助人们更好地理解正在改变社会和日常生活的新型人工智能系统。

人工智能、沟通和媒介史

人工智能是一个高度跨学科的领域，它的特点是有一系列不同的途径、理论和方法。一些基于人工智能的应用在大众的日常生活中一直存在，如调节网络访问的信息处理算法；其他的一些应用人们则很少接触，如工厂和车间中的工业化人工智能[46]。本书特别关注对话式人工智能(communicative AI)，即旨在与人类用户进行沟通交流的人工智能应用[47]。对话式人工智能包括涉及对话和语音的应用，如自然语言处理、聊天机器人、社交媒体机器人和 AI 语音助手。机器人领域也会使用一些为对话式人工智能开发的技术，如让机器人通过语音对话系统进行交流，但机器人不在本书的讨论范围之内。正如安德烈亚斯·赫普最近指出，事实上，如今的人工智能更多是以软件应用的形态出现，而非有物理形体的人造物形态[48]。如前所述，这种情况可能是由于机器人不符合庸常欺骗的低清晰度特征。

对话式人工智能偏离了媒介单纯作为沟通渠道的历史角色,因为人工智能也作为沟通的主体出现,并与人类(及其他机器)交流信息[49]。不过,对话式人工智能仍然是一种传播媒介,并因此继承了许多媒介传播的动态特征和结构特征。这些特征至少从 19 世纪电子媒介的诞生起就已经出现。因此,要理解 AI 语音助手或聊天机器人等新技术,我们必须将其置于媒介演化的历史长河中进行讨论。

作为传播技术,媒介建立在人类的心理和感知系统之上,我们或许可以从欺骗效果如何融入不同媒介技术的角度来研究媒介发展历史。电影通过利用人类感知的极限来实现效果,如通过一系列静止图像的快速连续播放给人以运动的印象[50]。同样,就如乔纳森·斯特恩所说,声音媒介的发展也建立在人类听觉的生理和心理特征之上[51]。从这个意义上讲,19 世纪以来的媒介发展史中的关键节点并不是电报、摄影、电影、电视或计算机等任何新技术的发明,而是新的人类科学的出现。从生理学、心理学到社会科学,这些人类科学提供了知识和认识论框架,使现代媒介能够适应人类的知觉和智力特点。

然而,就像某些人认为人工智能的欺骗性只有在"蓄意"和"直截了当"的情况下才重要一样,对媒介的研究也常常落入同样的陷阱[52]。"欺骗"在媒介史中主要作为一种不同寻常的情况被研究,往往强调媒介的操纵能力,而非承认其在现代媒介中的结构性作用。例如,有真实性存疑但经久不衰的传言说,早期的电影观众混淆了影像与现实,面对画面中驶来的火车惊慌失措[53]。同样,在收听奥逊·威尔斯的无线电广播节目《世界大战》(*War of the Worlds*)时,据说许多人认为这是真实的新闻报道,以为外星人正入侵地球。现场直播技术导致人们混淆了虚构与现实[54]。虽然这种露骨的(且往往是夸大的)欺骗案例引起了很多人的注意,但很少有人反思,欺骗性其实是媒介技术发挥功能的关键特征。换句话说,它不是偶然的,而是媒介技术的固有特质,并且无法纠正[55]。

为了揭秘人工智能和机器人技术的前身,历史学家通常把目光转向自动装置，即模仿人类和动物行为的自操作机器[56]。这一脉络中值得注意的例子包括法国发明家雅克·德·沃康松在 1739 年制造的机械鸭子，它展示出进食、消化和排便的能力。此外，还有 18 世纪末 19 世纪初以熟练的下棋能力让欧洲和美国的观众惊奇不已的机械自动人[57]。在考虑人工智能和欺骗的关系时，这些自动装置无疑是典型案例，因为它们展现的智能正是创造者从中操纵的结果——机械鸭子的内部储存了粪便，所以并没有实际意义上的消化产生，而机械自动人是由隐藏在机器内部的人类玩家操纵的[58]。然而，我认为，为了充分理解现代人工智能与欺骗在更广义上的关系，我们需要深入更宏大的历史背景，超越自动装置和可编程机器本身。这个背景便是欺骗性媒介的发展历史。也就是说，从绘画、戏剧、录音、电视到电影，不同媒介如何以庸常欺骗为策略，在观众和用户中实现特定效果。沿着这个轨迹可以看出，对话式人工智能的某些内核与受众或用户将意义投射到其他媒介技术上的做法之间是一种延续关系。

我研究了从 1950 年图灵测试被提出到今天为止的对话式人工智能的发展史，因为我相信从历史角度研究媒介和技术变革有助于我们理解正在发生的社会、文化和政治变迁。诸如丽莎·吉特尔曼、埃尔基·胡塔莫和尤西·帕里卡等学者已经令人信服地证明，所谓的"新媒体"有着悠久的历史，研究它们对于理解今天的数字文化十分必要[59]。如果说历史是理解当下的一种最佳工具，那我相信它也是预测未来的一种最佳工具，哪怕它并不完美。在像人工智能这样快速发展的领域，即使是预测短期和中期的发展也是非常困难的，更不用说长期的变化了[60]。研究跨越几十年的历史轨迹有助于确定那些在过去几十年里深刻定义了人工智能领域，并且未来也可能继续影响该领域的关键趋势和变化轨迹。尽管了解最新的创新发展（如神经网络和深度学习）十分重要，但我们同样需要在一个更长的时间框架内摸清人工智能的发展方向。从这个意义上来说，媒介史是一门关于未来的科学，它不仅揭示了我们如何在动态变化中走到今天，也有助于提出新的问题，帮助我们一窥前进道路上来自技术和社会的挑战[61]。

与露西·萨奇曼一样，我并不强调区分"交互"（interaction）和"沟通"

12

(communication)这两个词语,因为正是交互引发了不同主体间的沟通[62]。早期的人机交互研究方法发现,交互一直被视作一种沟通关系,而计算机既是沟通渠道又是沟通主体,这种想法的诞生时间比通常所说的要久远得多[63]。尽管人工智能和人机交互通常被表述为两个各自独立的领域,但将它们视为不同的存在限制了历史学家和现代传播学者理解它们的发展力和影响力。从人工智能研究发源开始,研究者就一直在反思计算设备如何能与人类用户进行接触和对话。这种反思将人机交互领域的难题和疑问引入人工智能研究的核心地带。探索这些领域之间的交集有助于人们对统合它们的关键原则加以理解,即当用户与技术互动时,他们双方都需要为这种互动产生的结果负责。

在理论层面上,本书得益于来自不同学科领域的洞见,包括行动者网络理论、社会人类学、媒介理论、电影研究和艺术史等。我以这些不同的框架为工具,提出了一种对待人工智能和数字技术的方法,强调人类参与在意义建构中扮演的角色。正如行动者网络理论及阿琼·阿帕杜赖和阿尔弗雷德·杰尔等社会人类学家告诉我们的那样,在特定的社会情境中,不仅人类是主体能动者,人造物也是[64]。人类经常赋予物体和机器以意图心,如车主认为车子有它自己的个性,孩子也这样看待玩偶。物品和人一样,都有社会生活,它们的意义被嵌入社会关系,并且不断被商定[65]。

媒介研究学者探寻了这一发现的启示意义。在过去长达几十年的时间里,学者们对广播、电影和电视等媒体的受众进行了反思。现在,新的关注重点已逐渐转向计算机与用户的互动关系。巴伦·李维斯和克利夫·纳斯在 20 世纪 90 年代中期出版的奠基之作《媒体等式》(*The Media Equation*)中提出,我们倾向于遵照人类社会交往的规则,来对待包括但不限于计算机在内的媒体[66]。他们及合作者后来建立了被称为"计算机是社会行动者"(Computers Are Social Actors)的范式,主张用户会将人类社会的规则和期望应用在计算机身上,并探讨了在计算机、汽车、呼叫中心、家庭环境和玩具中越来越常见的、可倾听用户声音并与之交谈的新型交互界面具有何种启示[67]。另一个重要贡献来自雪莉·特克尔,她几十年来一直在研究人类与人工智能的互动,强调两者之所以建立关系,并不是因为计算机真的拥有情绪或智能,而是因为它们在用户身上唤醒了什么[68]。

尽管在关于人工智能的讨论中,欺骗性的作用很少被承认,但我认为审视这种动态变化的伦理影响和文化影响是一项紧迫任务,需要站在计算机科学、认知科学、社会科学和人文学科的交叉点上,运用跨学科思维。虽然关于人工智能未来图景的公开讨论往往集中在人工智能将使计算机变得与人类一样聪明甚至比人类更聪明这个假设上,但我们也需要考虑披着智能外衣的欺骗性媒介会造成何种文化层面和社会层面的影响。在这个方面,由于现代人痴迷于与人工智能有关的世界末日或未来主义图景(如奇点、超级智能和机器人大灾变①),我们往往不太能意识到人工智能系统最显著的影响并不会发生在遥远的未来,而是发生在我们当下与智能机器持续进行的点滴交互中。

对技术的形塑不仅取决于科学家、设计师、企业家、用户和政策制定者的主体能动性,也取决于我们针对这些技术提出了什么类型的问题。本书希望能启发读者针对当今世界人类与机器的关系提出新的问题。我们将不得不开始自己寻找答案,因为我们创造的智能机器无法在这种事情上提供指导——其中一台机器在我询问它时亲口承认了这一点(图1)。

图1 作者与Siri的对话(2020年1月16日)

---

① 奇点是一个想象中的临界点,届时人工智能空前发达,智能超过人类,以至于人类社会发生了剧烈且不可逆转的变化;超级智能指远远超过人类智能极限的人工智能;机器人大灾变指机器人失去控制,开始自主行动,决心占领人类社会甚至奴役、终结人类的假想情景。——译者注

第一章 图灵测试：一个想法的文化生命

19世纪中期，桌子突然有了自己的生命。故事始于纽约州北部的一个小镇，据说在那里，一对少年姐妹玛格丽特·福克斯和凯特·福克斯与一位逝者的灵魂进行了交流。消息很快就传开了，首先是在美国，然后是在其他国家，到1850年时，已经有越来越多的人参加灵媒的降神会。他们看到的现象非同寻常，正如一位当代目击者所述："桌子在没有被触碰的情况下倾斜了，而桌上的物体却保持静止，一反所有的物理定律。墙壁在颤抖，家具在踩脚，烛台在飘浮，不知名的声音自虚空而来——看不见的幻象充斥着真实世界。"[1]

英国科学家迈克尔·法拉第是最早质疑这些怪象的人之一。他对这些怪象的兴趣并非源自偶然——许多人将桌子倾倒和其他灵异现象解释为电和磁的作用，而法拉第恰好致力于推动电磁科学知识的发展[2]。然而，他的调查结果却指向了一个全然不同的解释。他认为，我们不该在电、磁等外力中寻找桌子运动的原因，去思考降神会参与者的体验反而要有用得多。根据他的观察，降神会上的参与者和灵媒不仅能感知不存在的东西，实际上还引发了某些物理现象。桌子之所以会移动，是因为他们被自己都未曾察觉到的、内心深处想要自欺欺人的欲望驱使，不由自主地移动了它。

成就通灵术的并非逝者的灵魂，法拉第指出，成就它的是活着的人，即作为人类的我们[3]。

机器人和计算机不是灵体,但法拉第的故事提供了一个有用的视角,让我们得以从不一样的角度来思考人工智能的诞生。在通常被称为人工智能孕育期的 20 世纪 40 年代末和 50 年代初,新生的计算科学越来越强调电子数字计算机可能会发展为"会思考的机器"[4](thinking machine)。文化、科学和技术方面的历史学家已经证明这种想法包含一个假设,即计算机可以等同于人脑[5]。但在本章中,我的目标是证明人工智能的诞生也涉及另一个不同的发现。在这个新领域中,一些先驱者意识到,会思考的机器能否诞生既取决于计算机功能,也取决于观察者视角。就像法拉第在 19 世纪 50 年代提出灵体只存在于通灵会参与者的脑中一样,这些研究人员也在深思,人工智能与其说是存在于电路和编程技术中,不如说是存在于人类对人机交互的感知和反应方式中。换句话说,他们开始设想这样一种可能性——用户(而非计算机)才是"制造"人工智能的最大功臣。

这种想法并非围绕着某个人、某个团体甚至某个单一研究领域出现,但在人工智能的酝酿过程中,的确与一个贡献特别相关,即艾伦·图灵于 1950 年在文章《计算机器与智能》中提出的思想实验——"模仿游戏"。图灵描述了一个游戏(如今所称的图灵测试),让人类审讯者在不知道玩家身份的情况下,分别与人类玩家和计算机玩家对话,并准确地说出两者的身份。关于图灵测试的热烈讨论在该文章发表后不久就开始了,并一直持续到今天。其中,有激烈的批评,有热情的赞同,也有完全相反的解读[6]。在此,我的目的不是通过提供独特的或高人一等的阅读材料来参与辩论,而是想要选取图灵思想对新生的人工智能领域所开辟的众多主题脉络中的一个加以清晰的阐释。我认为,正如法拉第在解释灵媒降神会现象时认为人类的作用处于核心地位一样,图灵也提议从人类用户对人机交互的感知这一角度来定义人工智能。因此,图灵测试在这里将作为理论视角而非历史证据存在。同时,它提供了反思空间,让我们能够从不同立场审视人工智能的过去、现在和未来。

有会思考的机器吗？

20 世纪中期，人工智能在控制论、运筹学、心理学和新生的计算机科学相互交叉之下兴起。在这种情况下，研究人员雄心勃勃地想要整合这些研究领域，以期逐渐将人工智能广泛应用于人类活动的任何领域，包括语言、视觉和问题解决等。1956 年往往被视为人工智能技术的奠基之年。那年，一个开创性的会议正式提出"人工智能"一词。不过，实际上，研究人员至少早在 20 世纪 40 年代初第一台电子数字计算机诞生之时就开始思索"机器智能"和"会思考的机器"[7]。在早期，由于计算机主要用于对人类来说太过耗时的计算任务，所以认为计算机将承担诸如自然语言写作、作曲、图像识别或下棋等任务未免有些天马行空。但是，那些塑造了这个领域的先驱者们并不缺乏远见。早在确实能够处理这些任务的软硬件被创造出来之前，克劳德·香农、诺伯特·维纳和艾伦·图灵等思想家就已经确信，实现这些只是时间问题[8]。

如果说许多人都很清楚电子计算机拥有承担越来越多任务的潜力，那么这个新兴领域所面临的挑战也同样清晰可见。这种所谓的"智能"是什么？它与人类的智能相比如何？可以将计算机进行的电子和机械加工过程描述为"思考"吗？人类大脑的运转与借助数字运算实现的机器运转是否有任何本质上的类似之处？包括美国科学家、神经物理学家沃伦·麦考洛克和逻辑学家沃尔特·皮茨在内的一些学者认为，我们可以通过逻辑学和微积分来数学化人类推理。他们建立了一个神经活动的数学模型，为几十年后神经网络和深度学习技术的成功应用奠定了基础[9]。控制论的创始人诺伯特·维纳也认同大脑可以被比作一台机器[10]。

不过，另一种答题思路也在这一时期出现了。从某种程度上说，它来自失败。许多人意识到，将计算机与人类等同的观点经不起仔细推敲。这不仅是受当时计算机技术发展水平的限制，因为即使计算机最终能够在被认为需要智力的任务中媲美人类甚至超越人类，但仍没有什么证据可以将计算机的运转与人脑的运转进行比较。哲学家托马斯·内格尔于 20 年后,即 1974 年发表的那篇举世闻名的论文《做一只蝙蝠是什么感觉?》(What Is It Like to Be a Bat?)中提出的论点可以很好地说明这个问题。内格尔表明,即使我们对蝙蝠的大脑和身体内发生的种种有精确了解,但仍无法评估蝙蝠是否有意识。由于意识是一种主观体验,人们需要"成为"蝙蝠才能做到这一点[11]。回到机器智能的问题上,尽管计算机取得了巨大成就,它们的"智能"也不会与人类智能有任何相似或相等之处。虽然我们所有人都基于自己的主观体验对什么是"思考"有一些理解,但我们无法知道其他人,尤其是非人类,是否有同样的体验。因此,我们没有客观的方法来知道机器是否在"思考"[12]。

作为一位训练有素的数学家,哲学问题只是图灵的个人兴趣,所以图灵思想的哲学复杂性远远不及内格尔。毕竟,图灵的目标是描绘现代计算技术的前景,而不是发展关于思维的哲学。不过,他在《计算机器与智能》的开篇表达了类似的顾虑。在绪论中,图灵为了宣布"机器能思考吗?"这个问题没什么用而对它进行了讨论。他表示,这是因为我们很难就"机器"和"思考"这两个词的含义达成一致。因此,他建议用另一个问题来代替这个问题,并由此引入"模仿游戏"作为一种更合理的解题思路:

> 这个问题的新形式可以用一个游戏来描述,我们称之为"模仿游戏"。这个游戏有三个玩家,一个男人(A)、一个女人(B)和一个审讯者(C),审讯者可以是任何性别。审讯者单独待在房间里,与其他两人分开。审讯者的目标是确定另外两个人中谁是男性,谁是女性……现在问题来了:"如果扮演 A 的是机器,会发生什么?"审讯者判断出错的概率和他面对人类男性和女性时一样吗?这些问题取代了我们原来的问题:"机器可以思考吗?"[13]

与图灵相熟的朋友证实,图灵并不指望这篇论文能够作为刺激哲学家、数学家和科学家更认真地研究机器智能的宣传材料,也不指望它能对哲学或计算机科学作出多大贡献[14]。但是，不管他是否真的这么想，这个测试毫无疑问成了宣传该领域的绝佳工具。"计算机大脑"可以在定义人类智能的关键能力之一，即运用自然语言方面击败人类吗？从这个威力强大的概念出发，图灵测试以一种直观而迷人的方式展示了人工智能的发展潜力[15]。在接下来的几十年里，它成为介绍计算机成就和潜力的流行读物的主要参考资料，并迫使读者和评论家思考人工智能的可能性——即使仅把它当作科学幻想或骗局来进行驳斥。

人类的角色

图灵的论文在很多方面都有些模棱两可，导致围绕图灵测试的含义出现了很多不同的观点及争议[16]。不过，其对人工智能领域的关键影响仍然显而易见。图灵告诉读者，问题不在于机器是否能够思考，而在于我们是否相信机器能够思考。换句话说，我们是否接受将机器的行为定义为智能。在这方面，一如法拉第重新解构了通灵术，图灵将关于人工智能的问题引向了另一个方向。就像维多利亚时代的科学家认为导致降神会灵异事件的原因是人类而非鬼魂，图灵测试也将人类而非机器置于人工智能问题的核心位置。尽管有人指出图灵测试已经"失败"，因为其内在动态并不严格地符合人工智能目前的技术水平[17]。但是，图灵的提案将人工智能的发展前景不仅锁定在硬软件改进上，还锁定在人机交互带来的复杂情景中。通过将人类置于中心地位，图灵测试提供了一个场景，让我们从人类用户感知到的可信度的角度来思考人工智能技术[18]。

图灵测试包含三个参与者，他们都参与了沟通：一个是计算机玩家，一个是人类玩家，还有一个是人类审讯者。计算机玩家模仿人类交谈行为的能力强度显然会影响测试结果，但由于人类参与者也在积极进行沟通，他们的行为将成为另一个决定性因素，诸如背景、偏见、性格、性别和政治观点等要素都会对审讯者的决定和人类玩家的行为造成影响。例如，让一个拥有人工智能知识和经验的计算机科学家担任审讯者，显然不同于让一个对该话题了解有限的人担任这个角色。同样，人类玩家也有自己参与测试的动机和独特的行为方式。比如，有些人可能很想被误认为计算机，所以会在自己的身份上制造模糊性。由于人类参与者在图灵测试中扮演的角色，所有这些变量都可能影响测试结果[19]。

由此产生的不确定性通常被视作该测试的缺点之一[20]。然而，如果我们不把它视为对"会思考的机器是否存在"这一问题的评估，而是视为对人类与表现出智能行为的机器进行交流时反应方式的测量，这个测试看上去便完全合情合理了。从这个角度来看，该测试早在网络社群、社交媒体机器人和语音助手出现的几十年前，就率先让人们清楚地认识到人工智能不仅关乎计算能力和编程技术，或许还特别与人类与计算机互动时的感知体验和行为模式有关。

图灵的论文在遣词造句上的刻意选择，为这种解读提供了额外的证据。尽管他拒绝对"机器能否思考"这一问题进行猜测，但他也毫不吝啬地作出了推断："在本世纪末，人们的语言习惯和被传授的普遍的思想观念将发生很大的变化，届时人们将能够畅谈机器思考而不必担心被批驳。"[21] 这一声明的措辞耐人寻味，它不关乎制造功能更强或可信度更高的机器，而关乎文化变迁。图灵认为，到 20 世纪末，人们将对人工智能有不同理解，所以"会思考的机器"不会再像现在一样听起来难以实现。他表现出的兴趣点在于"语言习惯和被传授的普遍的思想观念"，而非确定机器是否真有思考的可能性。

回顾图灵时代以来的计算机历史，毫无疑问，关于计算机和人工智能的文化态度确实发生了变化，而且变化相当大。雪莉·特克尔研究了几十年来人们与技术的关系，找到了很多强有力的证据。例如，在 20 世纪 70 年代末进行的访谈中，当她询问受访者对聊天机器人提供心理治疗服务有何看法时，受访者普遍表示抗拒。大多数受访者倾向于认为与机器交流的话，患者与人类心理咨询师交流时所感到的情感共鸣将不复存在，这个损失是机器人做什么都无法弥补的[22]。然而，在接下来的 20 年里，人们的抗拒逐渐消失了。在特克尔后来的研究中，受访者越来越愿意接受 AI 心理治疗师。随着对计算机从事心理治疗的讨论不再围绕道德层面，现在特克尔更关注计算机可以做什么，或者它可以成为什么。人们变得更愿意承认，只要这对病人有益，就值得一试。正如特克尔所说，人们"更喜欢说，'要不也试试看吧。可能有用。试一试又有什么坏处呢？'"[23]

图灵的预言或许还没有实现，因为在今天，当谈到机器"会思考"时，人们可能仍担心会被批驳。但是，图灵正确地认识到，文化态度是会变化的，这是计算技术和人类体验双重演变的结果。重要的是，这种变化可能会影响图灵测试的结果，因为人类参与者在测试中扮演着重要的角色。

回顾一下与灵媒降神会的比较，参加灵媒集会的人目睹了诸如噪音、会移动的桌子和会飘浮的物体等灵异现象。降神会的结果取决于参与者对这些灵异现象的解读。正如法拉第直觉到的，这不仅受灵异现象本身性质的影响，还特别受到参与者自身观点的影响，即他们的态度和信仰甚至心理和感知都会影响到解读[24]。图灵测试告诉我们，计算机与人类的互动也受到这种动态变化的驱使。通过提议以计算机能否通过图灵测试来定义人工智能，图灵将人类纳入方程式，使人类的想法和偏见、心理和性格都成为构建"智能"机器的关键变量。

沟通游戏

媒介历史学家约翰·杜伦·彼得斯曾提出一个著名观点，即沟通（communication）的历史可以被解读为渴望与他人建立共鸣联系，并恐惧这种联系可能破裂的历史[25]。电报、电话和广播等媒介的出现都唤起了人们心中的希望和恐惧，即既希望它们能够促成这种联系，又担心它们提供的电子中介会使我们与他人疏远。我们很容易就能看出，这一点也适用于今天的数字技术。在其相对短暂的历史中，互联网激发了强烈的希望和恐惧。例如，社交网络是促进了新的沟通形式的诞生，还是让人们变得前所未有的孤独？[26]

但是，计算机并不总与沟通联系在一起。1950 年，当图灵发表他的论文时,计算机中介传播(computer-mediated communication)还没有成为一个真正的研究领域。计算机大多作为计算工具而被讨论,人类用户与计算机的互动形式少得可怜[27]。想象人与计算机如何交流极其需要远见卓识,这或许比思考"机器智能"能否实现还需要[28]。用户,即"获得共享计算资源的个人"这一概念,在 20 世纪六七十年代分时系统和计算机网络的发展使个人使用计算机成为可能之前(最初只在研究人员和计算机科学家的小圈子内实现,后来逐渐开放给公众)并未被完整地概念化[29]。因此,图灵测试通常被视作关于智能的定义的问题。然而,另一种看待它的方式则是将其视作人类和计算机沟通的实验。最近,学者们开始提议采用后一种研究视角。例如,人工智能伦理学家大卫·贡克尔指出,因为"图灵的文章将沟通及一种特殊形式的欺骗性社会互动作为决定性因素",所以应该被视作对计算机中介传播领域的贡献——尽管当时这个词还没有出现[30]。同样,布莱恩·克里斯汀在其参与勒布纳奖角逐后经过深思熟虑写就的著作中也强调了这一点,指出"图灵测试实际上测试的是沟通行为"[31]。克里斯汀参加的勒布纳奖是一个现代竞赛,比赛中的计算机程序将参加变种的图灵测试。对于这一部分,我们会在第五章对它进行更详细的讨论。

由于图灵测试的设计依赖人类与计算机的互动,图灵认为有必要规定清楚两者如何开启交流。为了确保测试的效度,审讯者需要与人类玩家和计算机玩家都进行交流,除了对方传达的信息内容本身,审讯者不能收到任何有关对方身份的线索。因此,测试中人与电脑之间的交流需要是匿名且非具身性的[32]。在那个没有视频显示器甚至没有电子键盘等输入设备的年代,图灵设想玩家对审讯者的回应"应该写下来,或者最好印出来",理想的安排是"用一台电传打印机在两个房间之间传递信息"[33]。考虑到电报传输和打字机可以将书面文字机械化,使其独立于作者存在(媒介历史学家已经证实了这一点),图灵的方案敏锐地抓住了媒介在沟通中的作用[34]。图灵测试使用这样的技术中介机制是为了使计算机玩家和人类玩家仅作为纯粹的内容供给方参与实验,或者用传播学理论术语来说,即作为纯粹的信息[35](pure information)。

　　在《计算机器与智能》之前，图灵在1947年撰写的一篇未发表的报告中曾幻想创造一种不同的、能够完全模仿人类的机器。这种弗兰肯斯坦式的生物是由传播媒介组合而成的机械化人类①。图灵写道："着手建造'会思考的机器'的一种方式是找一个完完整整的真人，再用机器取代他的所有器官。他将被装上电视摄像机、麦克风、扩音器、轮子、'处理伺服机构'及某种'电子大脑'。这当然是一项伟大的事业。"[36]尽管这段文字的语气极尽讽刺，但将它与马歇尔·麦克卢汉的名言放在一起来理解就更富深意了。麦克卢汉认为，媒介是"人的延伸"。换句话说，媒介提供技术代理，将人类的技能、感官和行动通过机械再现出来[37]。虽然图灵的备忘录是在1947年提交的，面世时间比麦克卢汉那如今已成为经典的著作早了近20年，但图灵的设想也沿袭了更古老的关于机械人类式生物的想象。这种生物将摄影、电影和留声机等媒介作为人类器官和感官的替代品[38]。就人工智能的历史而言，图灵那"找一个完完整整的真人，再用机器取代他的所有器官"的想象指出了媒介在为成功的人工智能创造条件方面的作用[39]。事实上，随后几十年里面世的各式系统证明了传播媒介的影响力。人们发送信息时对不同技术和界面的使用，即使没有直接影响这些程序的计算本质，也会影响其传播结果，即对人类用户产生影响。例如，Twitter上的社交机器人在回答问题时，可能使用与聊天室机器人相同的脚本，但这种沟通的性质和效果将会被置于不同的情境中加以解读。同样，就语音而言，取决于AI语音助手是被应用于家庭环境（如Alexa），被嵌入智能手机和其他移动设备（如Siri），还是被用于接打电话（如智能客服或谷歌正在进行的Duplex项目），沟通的性质也将因此而不同[40]。

　　在这个意义上，图灵测试提醒我们，如果不考虑传播中介的具体情况，就不能理解人类与人工智能系统的互动。人类作为交流互动的参与者应该被视为关键变量，而不是被那些只关注技术性能的研究路径抹杀。此外，媒介和界面也会影响每一次互动的结果和意义。在这个意义上，图灵的提案

① cyborg，意为机械化人类，又称赛博格。——译者注

也许更像"沟通游戏"而非"模仿游戏"。

与图灵玩游戏

不管是关于沟通还是关于模仿，图灵测试首先是一个游戏。图灵本人从未将其称为"测试"，这个说法在图灵去世后才出现[41]。人们有时认为图灵称其为游戏而非测试这件事无关紧要[42]。这种否定背后是一种普遍存在的偏见，即认为有趣的游戏活动与严肃的科学调查或科学实验截然不同。然而，在人类社会历史上，游戏经常成为创新和变革的发动机[43]。就人工智能的历史而言，游戏也是创新的强大载体。例如，信息论之父克劳德·香农或第一个聊天机器人的发明者约瑟夫·维森鲍姆等人工智能先驱们都依靠游戏来探索和审视计算的意义和潜力[44]。图灵本人也曾为国际象棋编程，在没有计算机可以运行的情况下，他在纸上写下了自己的国际象棋程序[45]。

1965年，俄罗斯数学家亚历山大·克朗罗德被要求解释为什么要在苏联理论和实验物理研究所利用宝贵的上机时间来开展通信国际象棋①这样有趣但不重要的活动。他回答说，国际象棋是"人工智能的果蝇"[46]。原文使用了"Drosophila melanogaster"这一拉丁学名，不过它更广为人知的名字还是果蝇（fruit fly），一种被遗传学研究人员当作"模式生物"（model organism）广泛应用于遗传学实验的动物[47]。克朗罗德认为，国际象棋为人工智能研究人员提供了一个相对简单的系统，研究该系统将有助于我们探索关于人工智能和机器本质的更宏大的命题。尽管克朗罗德最终因为有人投诉他浪费昂贵的计算机资源而失去了研究所主任的职位，但他的回答注定成为人工智能学科的公理。人工智能先驱们把注意力转向了国际象棋，因为它那简单的规则易于计算机模拟，但同时它涉及的复杂的战略、战术原则对计算机而言又是重大挑战[48]。不过，科学史学家表明，这种选择从来都不是中立决策的结果。例如，将果蝇作为遗传学研究的首选实验生物体意

---

① 通信国际象棋指通过信件、传真、电子邮件、论坛等远距离、非实时的通信手段来下国际象棋。——译者注

味着某些研究议程将占据主导地位,而其他研究议程则被忽视[49]。同样,选择国际象棋作为"人工智能的果蝇"对人工智能领域产生了广泛影响,形成了对特定编程方法的偏好和对什么是智能的特定理解。由于几个世纪以来国际象棋一直被视作人类最高智力的代名词,计算机国际象棋的进步更多是突出了智能和理性思维的联系[50]。

人们不禁要问,或许不仅是国际象棋,而是普遍意义上的所有游戏都是对话式人工智能的果蝇。在人工智能史上,游戏使学者和开发者能够想象并积极测试与机器的互动交流[51]。虽然游戏可以被抽象为一套描述潜在互动形式的规则,但从实用角度来看,只有在被实施时,即当玩家在规则的约束下作出选择并采取行动时,游戏才存在。这也适用于"模仿游戏"——它需要玩家的存在。

计算机史学家已经探讨了游戏诞生与计算机用户诞生的密切关系。在20世纪60年代,当分时技术和微型计算机使多个个体可以获取仍属稀缺的计算机资源时,玩游戏是最早实现的交互形式之一。此外,游戏正是早期"黑客"为了实验新机器而编写的首批程序之一[52]。正如计算机科学家布伦达·劳雷尔所说,第一批电子游戏程序员意识到,计算机的潜力不在于或不仅在于"其进行计算的能力,而在于其呈现可供人类参与的活动的能力"[53]。

让计算机玩游戏对人机交互而言意义非凡。它意味着创造一个可控的系统让人类用户和计算机用户互动,意味着计算机被视作潜在的玩家,也意味着计算机成为游戏世界中的能动主体。这可能会摧毁人类玩家与计算机玩家的区别。事实上,在游戏的规则系统中,"玩家"是由与游戏有关的特征和行为来定义的。因此,如果把玩游戏的计算机和玩游戏的人类进行比较,那在游戏世界中,他们本质上没有什么区别。这使得游戏研究学者认为,电子游戏中人类和机器的划分是"完全人为的",因为"机器和操作者以一种控制论的关系进行合作,来实现电子游戏中的各种动作"[54]。

在人工智能历史上的不同时刻,游戏鼓励研究人员和从业人员对人机交互的新途径进行设想。例如,国际象棋和其他桌面游戏使人类与计算机的对抗成为可能。这种对抗涉及"轮流"这一人际交流的基本要素,如今业已被广泛应用于界面设计。同样,电子游戏为实验更复杂的、涉及视觉和触觉等人类感官的交互系统开辟了道路[55]。在这种语境下,图灵测试预示了保罗·杜里什所说的"社会计算"(social computing)的出现,即在互动计算系统中融入人们对社会世界的理解的一系列人机互动系统[56]。

在计算机时代初期,图灵测试提供了一个机器与人类对手进行竞争的简单游戏情境,使诸如"会思考的计算机"或"机器智能"等思想有了具体形象。控制论的创始人诺伯特·维纳在他的传奇著作《上帝与傀儡公司》(*God and Golem, Inc.*, 1964)中预言,学习型机器可以在游戏世界和现实世界的竞赛中战胜它们的创造者。这一事实将为人工智能的发展带来严重的实践困难和道德困境。但是,图灵测试并不只是指出了机器可以在公平竞争中击败人类。在赢得"模仿游戏",或者用今天的话来说,在通过图灵测试的过程中,机器对其创造者的无礼会更进一步。它们会蒙骗人类,使我们相信机器与人类并无不同。

欺骗游戏

在乔治·罗梅罗 1988 年执导的电影《异魔》(*Monkey Shines*)中,一个名叫艾伦的人因一场事故而高位截瘫。为了应付这种情况,他得到了一只训练有素的猴子来帮助他的日常生活。这只猴子很快就表现出惊人的智慧,并与主人公建立了亲密关系。然而,罗梅罗可是因恐怖片《活死人之夜》(*Night of the Living Dead*)系列而闻名的导演,按照他一贯的风格,故事很快变成了噩梦。动物和主人之间最初的和谐被打破了,猴子大开杀戒,杀死了艾伦的亲人。虽然不能动弹,但艾伦仍然有一个相对猴子而言的优势,即人类知道如何撒谎,而动物(至少在影片中)缺乏这种技能。艾伦欺骗了猴子的感情,将它引入夺命陷阱,从而成功地阻止了一切。

有观点认为,撒谎的能力是人之所以为人的决定性特征之一,这个观点在图灵测试中也有所体现。如果说图灵测试是对人机互动的练习,那么这种互动与欺骗相伴相生——如果计算机能够成功地欺骗人类审讯者,它就可以"赢得"游戏。在这个意义上，图灵测试可以被看作测谎游戏。在测试中，审讯者不能相信与他对话的另一方，因为计算机说的很多东西都是假的[57]。批评者有时会抓住这一点，指认其为图灵测试的缺点之一，认为愚弄人类的能力不该被视作恰当的对智能的测试[58]。然而，这可以解释为该测试并不测量智力，而是测量再现智力的能力。借由通过模仿能力来评估人工智能这一方式，该测试从用户的角度揭露了人工智能存在的问题——毕竟只有聚焦在观察者身上，我们才能有效地制造错觉[59]。因此，将谎言和欺骗融入人工智能的指令，就等同于根据人类用户的感知来定义机器智能，而非根据绝对意义上的条文。事实上，在图灵提出建议后的几十年里，随着计算机程序被不断开发出来，碰运气般地尝试通过图灵测试，欺骗开始成为一种常见策略。程序员显然知道需要从审讯者容易犯错的地方下手制定策略，如通过东拉西扯或讽刺来绕过可能暴露计算机身份的提问[60]。

媒介史学家伯纳德·盖根认为，图灵测试与欺骗的关系反映了密码学研究为早期人工智能留下的遗产[61]。第二次世界大战期间，图灵参与了布莱切利园（Bletchley Park）行动，负责破译德国及同盟国间用以秘密通信的密码信息。这也涉及电子机器（包括最早的一台数字计算机）的制造，它们被用于提高密码工作的速度和范围[62]。图灵的好友、计算机科学家布莱·惠特比将英国密码学家所做的努力和图灵测试中人类审讯者所做的努力相提并论。一方面，密码学家必须纯粹依靠分析加密信息来推断纳粹制造的密码机的功能，如臭名昭著的恩尼格玛密码机（Enigma）；另一方面，惠特比指出，图灵测试中的审讯者处境类似，他也只能通过评估对话的"输出信息"来找出与其对话的到底是人类还是机器[63]。

这种基于密码学的解读将图灵测试的动态变化与战争相提并论，设想了机器和人类之间存在一种紧张关系。事实上，"机器终将通过图灵测试"这一预想常常唤起人们对机器人大灾变和人类丧失首要地位的恐惧[64]。不过，在图灵测试中，计算机实施的欺骗也有一定的娱乐性。正如我所表明的，图灵坚持认为它应该被看成一个游戏，与玩乐有关。正如文化历史学家约翰·赫伊津哈所说，游戏是"一种自由的活动，因为其'不严肃性'而相当自觉地站在'普通'生活之外，但它同时又强烈地、彻底地让玩家沉迷"[65]。因此，在图灵测试这样一个游戏框架内，计算机展现的欺骗姿态是无害的，是与遵循游戏规则并自愿参与其中的人类玩家的合谋[66]。

图灵将他的测试呈现为对原版"模仿游戏"的改编。在原版游戏中，审讯者必须确定谁是男人，谁是女人，性别表现而非机器智能处于游戏的中心位置[67]。从这个角度来说，图灵测试可被视为历史悠久的欺骗系游戏的一员，这类游戏在电子计算机出现之前便将玩乐性质的欺骗作为游戏设计的一部分[68]。例如，"淑女的神谕"（The Lady's Oracle）是维多利亚时代社交晚会上流行的消遣游戏。该游戏提供了一系列预先写好的答案让玩家随机抽取，用以回答其他玩家的问题。由于有趣且令人惊讶的答案都是随机产生的，这个游戏刺激了玩家将一切东西"人化"的倾向，赋予偶然以特殊含义[69]。以娱乐为目的，力图再现灵媒降神会神韵的灵牌类游戏（spirit boards）是另一个例子[70]。自 19 世纪末以来，许多棋牌游戏公司明确将其作为娱乐产品销售，将灵性交流变成流行游戏，利用玩家对超自然现象的迷恋和他们自觉或不自觉间想要使降神会"成功"的意愿来盈利[71]。同样的情况也发生在魔术表演中，观众对表演的兴趣往往来自落入魔术师陷阱、发觉自己可能被欺骗所带来的愉悦感，以及对表演者表演技巧的钦佩[72]。

这些活动与图灵测试的共同点在于，它们都利用暗示和欺骗的力量来娱乐参与者。欺骗通常被赋予负面含义，但它在游戏中的应用提醒我们，人们会积极地寻求被骗，这是许多人都有的愿望和需求。在这种情况下，欺骗被驯化了，成为娱乐体验的一部分，几乎没有保留原本的威胁属性[73]。如此一来，玩乐性质的欺骗将图灵测试定位成某种看似无害的游戏，用来帮助人们体验"一定程度的欺骗不仅无害，甚至有利于实现高效互动"的感觉。这种感觉是很多人机交互形式的特征。Alexa 和 Siri 便是该原理应用于实践的完美例子。用户需要使用人类声音和人类名字召唤这些"助手"，它们的前后行为表现又相当具有一致性，这一切使用户感觉它们具有特定的性格。这反过来又使用户更容易将它们纳入日常生活和家庭空间，其威胁性被淡化，熟悉感被增强。当有趣且自愿的欺骗形式被嵌入互动时，语音助手最能高效地运作。

回到电影《异魔》强调的观点，我对图灵测试的解读指向另一种结论，即与其说人类的特点在于拥有欺骗的能力，不如说在于拥有陷入欺骗的能力和意愿。图灵测试将人类可能被计算机欺骗的可能性放在一个令人放心的、好玩的情境中加以呈现，让我们反思为何要创造这样依靠用户自愿陷入错觉而工作的人工智能系统，以及这种创造又有何启示。与其把欺骗当成特殊情况，"模仿游戏"带有的娱乐性让我们得以想象这样一个未来图景：届时，庸常欺骗将作为助力出现，帮助人们开发出让人满意的人机交互体验。毕竟，心理学中关于社会交往的研究已经表明，自我欺骗自带许多好处和社会优势[74]。当代有关交互设计的研究也引发和反映了类似的结论，即让用户和消费者将主体能动性和个性赋予小工具和机器人有一定好处[75]。这些探索告诉我们，通过建立计算系统拥有智能和主体能动性的印象，开发者也许能够改善用户使用这些技术时的体验。

细心的读者可能已经发现，这一看似正面的努力隐藏着令人不安的后果。麦克卢汉是最具影响力的媒介和传播理论家之一，他用希腊神话中的纳西索斯来比喻我们与技术的关系。纳西索斯是一个美丽的年轻猎人，他爱上了水中自己的倒影，由于无法离开这令人着迷的景象，他一直盯着倒影，直到死亡。像纳西索斯一样，人们盯着现代技术的小玩意儿，陷入一种麻醉状态，因而无法理解媒介正在如何改变自己[76]。以娱乐性的欺骗为范式来构想和构造人工智能技术的话，我们不禁会问：我们对人工智能技术的反应是否也牵涉这种麻醉感？像纳西索斯一样，我们把人工智能技术看作无害的甚至是好玩的，但其实它们正以我们无法全然控制的方式改变社会生活的动态结构和我们对社会生活的理解。

测试的意义

关于图灵测试已经有很多的讨论，有人可能会认为再没什么可补充的了。近年来，许多人认为图灵测试并不能反映现代人工智能系统的运作。

如果视该测试为"人工智能"标签下所有应用和技术的综合测试平台，并且不了解图灵本身其实拒绝解决"会思考的机器是否存在"这个问题的话，那么确实如此。然而，当我们从另一个角度来看待图灵测试，就会发现它仍然为理解许多现代人工智能系统的意义和影响提供了非常有用的解题关键。

在这一章中，我以图灵测试为理论视角，揭示了关于人工智能系统的三个关键问题。第一个问题是人类认知的中心地位。远在交互式人工智能系统进入家庭环境和工作场所之前，图灵等研究人员便意识到，计算机能够被称为"智能"的程度取决于人类如何看待它们，而不是取决于机器的某些具体特征。从某种意义上说，这其实是失败导致的结果，即人们无法就"智能"一词的定义达成一致，也无法在没有置身机器之中的情况下评估其体验或意识性。但是，这种认识注定会促进人工智能领域的非凡进步。人工智能是关于关系的现象，是存在于并且特别存在于人与机器互动中的事物。对这一点的了解刺激了研究人员和开发人员对人类的行为心理进行建模，以便设计出更有效的人工智能互动系统。

第二个问题是沟通的作用。由图灵在计算机互动工具极少、用户概念尚未出现的年代设想出的图灵测试，神奇地帮助了我们理解沟通在现代人工智能系统中的中心地位。在计算机科学文献中，人机交互①和人工智能通常被视为截然不同的领域：一个关注能使用户与计算机互动的界面；另一个关注如何制造能够完成智能任务的机器，如将文章翻译成另一种语言或与人类用户对话。然而，正如我在本章中展示的，图灵测试为这两个领域提供了一个共同的出发点。无论这是不是图灵最初的意图，该测试的确提供了一个机会，让我们从人类与计算机的沟通如何嵌入系统的角度思考人工智能。它提醒我们，人工智能系统不仅仅是计算机器，也是促成并规范用户与计算机之间特定沟通形式的媒介[77]。

第三个问题与本书的核心关注点有关，即人工智能与欺骗的关系。图灵测试假定了一种人类审讯者很容易被计算机欺骗的情况，这表明欺骗问

---

① 由于作者申明并不区分"沟通"和"交互"这两个概念，因此这里的人机交互也可视为人机沟通。——译者注

题在人工智能的酝酿阶段就已经引发了研究者的思考。不过，测试所处的游戏情境使人们更多地考虑欺骗的娱乐性和表面上的无害性。毕竟正如本书绪论所言，包括舞台魔术、错视画、电影和录音在内的许多媒介技术和实践，其效果的好坏恰恰都取决于它们在多大程度上能够让人们愉快、自愿地陷入欺骗效果[78]。在这个意义上，图灵测试的游戏性欺骗进一步证实了我的主张：我们应将人工智能置于欺骗性媒体，即功能中包含庸常欺骗操作的媒体的历史发展轨迹中加以考量。

第二章 如何破除魔术：计算机、界面和观察者带来的问题

1956年夏天，一群数学家、计算机工程师、物理学家和心理学家在美国达特茅斯举行了头脑风暴研讨会，讨论被他们雄心勃勃地称为"人工智能"的新研究领域。虽然这次会议没有取得特别进展，但正是在那里，一些未来几年内塑造了该领域的科学家，如马文·明斯基、约翰·麦卡锡、艾伦·纽厄尔、赫伯特·西蒙和克劳德·香农，确定了人工智能研究的目标方向[1]。他们都相信，人类智能建立在形式化①推理（formalized reasoning）的基础之上，其动态可以被数字计算机成功模拟。如果问到那个曾在几年前被图灵审慎驳回的问题，即"机器能思考吗"，他们中的大多数人可能都会回答"是的，而且我们很快就有足够的证据来说服哪怕最持怀疑态度的人了"。

60多年后，支持这一观点的证据仍然充满不确定性和矛盾性。尽管这些达特茅斯的人工智能先驱们有些过度乐观，但他们为计算机科学的卓越发展奠定了基础，这种影响一直持续到今天。从20世纪50年代末到70年代初，他们促进了一系列实践成果的诞生，极大地提高了人们对该领域发展前景的期待。这是一个热情高涨的年代，被历史学家描述为人工智能的"黄金时代"[2]。语言处理、机器翻译、自动解决问题、聊天机器人和计算机游戏等如今蓬勃发展的技术都起源于这一时期。

---

① 形式化是逻辑学和计算机科学术语，一般指使用严格的符号语言，如数学，来表述某一概念、命题和推理。——译者注

在本章中，我梳理了这一时期的人工智能研究，揭示了先驱时代留给我们的不太明显的遗产。我将讲述人工智能界如何意识到可以通过欺骗的方式让观察者和用户赋予计算机智能，以及这个故事与另一件事，即建造将欺骗和错觉融入作用机制的人机交互系统，如何变得密切相关。乍一看，这个故事似乎与以下事实相悖，即许多深刻影响了人工智能领域的研究者相信我们可以创造"强"人工智能。换句话说，就是假设存在有能力学习甚至完成人类力所能及范围内任何智力任务的机器。不过，在对人工智能进行实际探索的同一时期，人们也发现了另一件事，即人类是定义人工智能意义和功能的方程式的一部分，正如图灵预言的那样。

为了讲述这个故事，我们需要明白，人工智能的发展不能与人机交互系统的发展割裂。因此，我将人工智能和人机交互的历史放在一起并行看待。我首先考察了人工智能研究者如何承认并反思人类会基于自身偏见、愿景和知识赋予计算机智能的事实。当科学家们在人工智能的标签下开发并向公众展示他们的计算系统时，他们注意到观察者们倾向于夸大这些系统的"智能性"。由于早期计算机提供的交互可能性很小，这种观察主要涉及人工智能技术被展示给公众并为公众所感知的方式。从这个角度来看，转折点出现在技术发展创造出人机交互的新形式和新模式之时。于是，我接下来讨论了早期交互系统如何被设想和践行。我借鉴了计算机科学文献和媒介研究理论中将计算机界面描述为制造错觉的设备的部分，用以说明这些系统在实践中实现了图灵测试的理论预期，即人工智能是否存在，取决于人类用户多大程度上认为它存在。当硬件和软件的进步使人机之间新的交流形式成为可能，这些交流形式便对人工智能领域的实践发展和理论发展的方向产生了影响，使计算技术成为欺骗性媒体宗谱中的关键章节。

发展技术，制造神话

今天，在笔记本电脑和移动设备屏幕上观看会动的图像是一种微不足道的日常体验。然而，我们可以想象在 19 世纪末，当观众第一次看到现实中的景象变成动画在电影屏幕上放映时，他们有多么惊叹。对于许多早期观察者来说，电影以一种幽深且未知的姿态出现，类似于魔术把戏甚至灵媒降神的魔法奇迹。根据电影史学家的说法，早期电影之所以成为魔术体验，其中一个原因是放映机被隐藏在观众的视线范围之外。在看不到错觉来源的情况下，观众的想象力受到了极大刺激[3]。

科技与魔术的关联源自其不透明性。我们对科技创新的惊奇往往来自我们对其运行方式的不理解，就像我们对魔术表演的惊奇也部分地源自我们对魔术的不理解[4]。从这个角度来看，计算机是人类创造的最迷人的技术之一。事实上，数字媒体的不透明性不能被简化为用户拥有的技术能力和知识不足——这种不透明性早已渗入计算技术的功能运作。编程语言的特点是使用对计算机科学家而言明白易懂的指令，使他们能够编写可执行复杂功能的代码。然而，这些命令只有在被多次翻译成较低级别的编程语言，并最终被翻译成机器代码（二进制数字指令集）之后，才能与机器的实际操作对应。机器代码的抽象程度如此之低，以至于对程序员来说它基本上是不可理解的。因此，即使是开发人员也无法掌握对应机器实际功能的层层软件和代码。在这个意义上，计算机始终是个黑箱——即使对最专业的用户来说，这种技术的内部运作机制也不甚透明[5]。

因此，我们毫不惊讶地发现，人工智能和更普遍意义上的电子计算机从诞生伊始就催生了大量的幻想和神话故事。弄清楚计算机的工作原理存在一定的困难，加上有关其成就的报道常常言过其实，两者共同引发了对于这些新机器的活跃想象。正如计算机史学家黛安·马丁展示的那样，在对一系列民意调查的社会学证据和报纸内容进行分析后，我们可以发现 20 世纪50 年代和 60 年代初，很大一部分公众舆论将计算机视为"拥有智慧的大脑，比人更聪明，有无限可能，快速、神秘且可怕"[6]。人工智能的出现与一个技术神话的兴起密切相关，即制造会思考的机器。在第二次世界大战后几十年间开拓人工智能领域的科学家们并没有忽视这种可能性。随着早期的成就被媒体报道并在公共论坛上引发讨论，研究人员发现，如果一个计算机系统被介绍为智能系统，人们就会强烈地倾向于认为它就是智能的。尽管当年的学科先驱们开发的系统在复杂性和实际用途上仍然受到很大限制，但在许多人看来，这些系统有力地证明了科学家们正在推动计算机不断发展。终有一天，计算机将拥有类似于人类的官能，如直觉、感知甚至情感。

根据马丁的说法，主流记者通过误导性的比喻和技术上的夸张塑造了公众对早期计算机的想象。相比之下，计算机科学家试图"消除关于新设备的不断发酵的神话"[7]。然而，许多人工智能研究者的反应比马丁（她自己也是计算机科学家）所承认的更加矛盾。在采用新术语描述人工智能系统的功能运作时，研究者常常选择那些与人类智能相似的隐喻和概念[8]。例如，一本介绍人工智能领域的书在 1968 年将人工智能谨慎地定义为"一门让机器做那些人类完成时需要运用智力的事情的科学"[9]。这虽然暗中重申了机械与人类的区别，但作者又使用了与人类智能密切相关的概念描述计算过程[10]。如"思考""记忆"甚至"感觉"这样的词语掩盖了一个事实，即程序员们通常的目的只是创造那些看起来智能的系统。类比的使用在科学话语中原本就很普遍，在人工智能这样将计算机科学、心理学、生物学、数学及其他学科相结合的跨学科研究中变得尤为突出[11]。

尽管早期人工智能系统已经产出了有发展前景的成果，但它与人类思维方式的差异还是显而易见的。例如，在人类智能中扮演重要角色的直觉或边缘意识等元素，在计算机的形式化模型中完全不存在[12]。尽管如此，误导性的隐喻还是被采纳了，一部分原因是早期关于人工智能的报道往往倾向于夸大其词，另一部分原因则与支撑人工智能的理论假设有关。人工智能初始阶段的基本理论是，理性思维是一种计算形式，人类的思维过程不仅能用符号化的语言来描述，甚至它们本身就是符号化的[13]。这一假设与计算机可以复制人类思维活动的观念同步出现。

使这一假设具有说服力的一个原因是，不仅是计算机技术，其实所有与智能相关的东西在定义上都是不透明的。如果说我们很难想象软件取得的成果与计算机电路层面发生的事情如何对应，那么想象我们的思想和情感如何与人脑和人体内的特定物理状态对应就更难了。事实上，我们对大脑的工作原理知之甚少[14]。正是这种双重的不理解使想象计算机会思考成为可能,即使没什么证据表明计算机与人脑存在显著的相似性。计算机和人脑的不透明性意味着"计算机是会思考的机器"这一说法既无法被证实,也无法被证伪。因此,在计算技术急速扩张的阶段,建造一个电子大脑的梦想激励着许多人工智能研究者奋发图强。

一些研究者认为这种对早期人工智能系统的过度热情实际上是一种欺骗。认知科学家道格拉斯·侯世达对这种热情进行了反思。他说:"对我而言,作为一个初出茅庐的(人工智能)学者,我显然不想卷入这种骗局。有些事显而易见——我不想参与把花哨的程序行为当作智能这件事,因为我知道它与智能无关。"[15] 其他人工智能研究者的态度则更加矛盾。在学术刊物上,大多数科学家表示我们需要谨慎,但在面向非学术读者的平台上和在接受媒体采访时,他们远没有这么保守[16]。例如,麻省理工学院的马文·明斯基在一份面向广大公众的出版物中表示,一旦具有自我改进能力的程序被创造出来,其快速进化的过程将导致"所有与'意识''直觉'及'智能'本身相关的现象"出现在人们眼前[17]。

在人工智能领域,没人能忽视公众对人工智能的期望、感知和幻想,以及掌控这些公众心理的重要性[18]。为吸引经费和注意力,科学家需要许诺能够得到令人兴奋的科研成果,开发让人激动的实际应用,而这助长了夸大人工智能的实际成就和潜在成就的风气。亚瑟·塞缪尔回忆自己在20世纪50年代作为人工智能先驱的经历时说:"我们会建造一台非常小的计算机,并试图用它做一些引人注目的事情,从而获得更多经费。"[19] 在新生的人工智能领域,思考型机器的神话也作为研究者们的一致目标发挥着作用。正如科技史学家表明,在科技领域使用面向未来的话语有助于将关注重点从研究的现状转移到想象中的前景,即技术被成功实施时。这种转变促成了研究者社区的建立,并为参与其中的科学家、技术专家和工程师设定了共同的目标及终点,以指导和组织他们的工作[20]。

随着技术投入应用并带来喜忧参半的结果,很明显,人工智能的竞赛不仅是在技术领域,也出现在想象领域。能与人类智力媲美的、会思考的机器这一想法引起了公众的兴趣,也刺激了关于人工智能未来图景的美梦和噩梦诞生。这些情绪在今天也有所体现，如公众对奇点或即将到来的机器人大灾变的想象[21]。科幻作家亚瑟·克拉克曾与斯坦利·库布里克合作，开发了电影《2001：太空漫游》(*2001: A Space Odyssey*)并撰写了同名小说。当克拉克邀请朋友马文·明斯基这位麻省理工学院的计算机科学家为设计宇宙飞船上的智能计算机提供咨询时，后者早已准备就绪。明斯基在麻省理工学院的团队已经开发了许多系统，而且尽管这些系统的功能有限，却能被一些人视作真正的"智能"。因此，没有人比他更适合激发库布里克的观众的技术想象力了[22]。

让计算机"接地气"

与人工智能作为科学领域出现的同一时期，人们便发现关于计算机的流行神话会影响公众如何看待和解释人工智能技术。不过，当只有一小部分专家能够接触计算机时（如 20 世纪 50 年代甚至更晚一些时候的情况），"人们如何看待人工智能系统"引发的问题更多地停留在猜测层面，尚未在实践中显现。尽管"计算机大脑"和仿人机器人体现了公众的想象力，但很少有人能够直接观察到人工智能如何工作，更别说与这类技术交互了。然而，事情发展得很快。在 20 世纪 50 年代末和 60 年代时，一系列理论和实践上的创新为人机交互开辟了新途径。这些努力重新强调了人类用户在计算系统中的作用，并反过来启发了科学家反思人类在人工智能中的作用，以及这一作用的实际应用。

麦克卢汉的媒介理论中最流行的一个观点是媒介即"人的延伸"[23]。对这一概念最常见的解释是，新媒体在人类学层面上改变了人类，影响了个人接触世界的方式及人类社会的规模或模式。例如，麦克卢汉认为车轮是人类脚步的延伸，促进了跨越空间的移动和交流。因此，车轮促成了新的政治组织形式（如帝国），并在社会、文化甚至人类学层面上改变了人类。然而，从另一个补充性的视角来看，媒介是人的延伸这一概念也表明了媒介的另一重要属性，即它们为了适应人类而诞生。媒介的设想、开发和制造都是为了使它们能够适应用户。用麦克卢汉的话来说，就是为了成为用户的延伸。套用一句老话，我们可以这样说：人类就照着自己的形象创造媒介……①

　　我们很容易就看出这句话如何适用于不同类型的媒介。例如，电影的发明不仅是工程学上的巨大成果，也是对人类感知功能长达十年的研究的成果。有关视觉、动态感知和注意力的知识被融入电影设计，以使这种新的媒介能够有效地制造错觉，并娱乐全世界的观众[24]。同样，从留声机到MP3，声音媒介也都是根据人类的听觉模型来构建的。为了在提高容量的同时保持声音质量，人类听力范围以外的频率全部被舍弃，完全按照人类实际听音的方式来调整声音的技术呈现[25]。这一切的问题不在于早期的留声机、黑胶唱片或MP3在物理意义上听起来如何，而在于它们在人类耳中是什么样子。正如本书提出的，这就是为什么所有的现代媒介都包含庸常欺骗——它们利用了人类感官上和心理上的限制和特征，以便按照人类预期使用媒介的方式创造出相匹配的特殊效果。

　　在这一点上，计算机也不例外。纵观计算机历史，大量不同的系统被开发出来用以支持人机交流的新形式[26]。在这种情况下，计算机已经越来越明显地成为人的延伸，继而成为一种传播媒介。对人机之间更方便、更有效的交互途径的需求刺激了计算机科学家对人类获取和处理信息的方式进行审视，并将他们收集到的知识用于交互系统和界面的开发。与电影或声音媒介的情况不同，这需要探索如何"按照人类的形象"制造计算机。

　　虽然人工智能的历史与人机交互的历史通常被分开看待，但只要看看人工智能的早期发展，就能意识到这种严格的区分是不合时宜的[27]。人工智能的黄金时代与交互式计算系统成为计算机科学特定研究领域的时间相差无几，这不仅是时间上的偶然吻合。在美国、欧洲、俄罗斯和日本的实验室和研究中心，创造"智能"机器的目标与实施互动系统以确保更广泛、更容易和更有效的计算机使用权的目标也相继出现。当时的计算机科学家公开承认说，他们认为人机系统在很大程度上属于人工智能的范畴[28]。因此，人

---

① 作者套用的是《圣经》中的句子："神就照着自己的形象造人。"——译者注

工智能与人机交互的划分是回顾性分析的结果，而不是理解计算机科学史的有效组织原则[29]。

塑造早期交互系统发展的总体愿景是"人机共生"（human-computer symbiosis），这个概念最初由约瑟夫·利克莱德在一篇发表于 1960 年、后来成为计算机科学和人工智能研究统一参照点的文章中提出[30]。该文章使用了"共生"这一来自生物学的比喻概念，指出实时性的交互将为人机之间的伙伴关系铺路。利克莱德认为，这种伙伴关系如果能通过发展计算机软件和硬件的应用来实现，将"在完成智能操作时远超人类独自完成的效率"[31]。凯瑟琳·海勒斯发表过一个很有影响力的观点，即战后计算机研究中人机共生理念的出现打破了人与机器的界限，迭代了"自然的我"这一概念，赋予了人类智能新的概念内涵，即它由人与智能机器共同创造[32]。与此同时，利克莱德关于人机共生的设想也指向了另一个方向。在这方面，它类似于图灵测试，即都认为要理解计算机器的话，不仅要着眼于它们本身，也要着眼于它们与人类用户的交互。

尽管"交互"一词通常被优先使用，但"共生"这一新范式正建立在人类与计算机可以相互交流、沟通的假设之上。问题是，"沟通"在人工智能和计算机科学中是一个焦点概念。信息理论和控制论强调沟通是非具身性的，很少或根本不强调其意义和情境[33]。这与强调人脑与计算机之间等同性的模型密不可分——两者都被视为信息处理设备，其工作原理可以用抽象的数学术语来描述[34]。将沟通视为非具身性的这一观点为研究者提供了强大的符号工具，使人机系统可以被设想、规划和实践为两个使用相同语言的主体间的某种反馈机制。然而，与此同时，这种思考路径并不符合人机系统的实际情况。事实上，当人类参与其中时，沟通总是被置于社会文化环境。正如露西·萨奇曼后来明确指出，任何促进人机交互的努力都需要将计算机系统置入现实世界的环境[35]。

一方面是非具身性的和抽象的（如计算机科学的理论基础），另一方面是具身性的和沉浸在社会环境中的（如新型交互系统的实际应用经验）。领悟了这两种对"沟通"的不同解读，我们便可以更好地理解在许多人工智能开拓性探索中都存在的明显的矛盾之处。科学家们接受了"会思考的机器"这一神话,其根源在于他们相信大脑是一台机器,神经元的活动可以像计算机的运行一样用数学来描述。同时,开发人工智能应用程序并将其投入使用的现实经验又促使他们思考人类用户的具体观点。为了实现利克莱德的目标,即共生伙伴关系能比人类独自一人时更有效地完成智能任务,电子计算的复杂过程必须被调整为能够适应用户。换句话说,必须使计算机"接地气",这样它们才能轻松地被人类访问和使用。

随着系统的开发和实施,研究人员意识到人类心理和感知是发展有效的人机交互的重要变量。早期研究集中在反应时间、注意力和记忆力等问题上[36]。20 世纪 60 年代分时技术的发展就是一个例子,它允许用户在自以为实时的情况下访问计算机资源[37]。人工智能领头人之一的赫伯特·西蒙在他 1966 年的论文《从用户角度对分时技术的反思》(Reflections on Time Sharing from a User's Point of View)中表示,分时系统应该被认为在"根本上和本质上是人机系统,其性能取决于其如何有效地利用人类神经系统及计算机硬件系统"[38]。因此,分时技术必须根据人类接收和处理信息的方式来建模。同样,对于在麻省理工学院研究人工智能和分时技术的马丁·格林伯格来说,计算机和用户应被视为"分时的两面"[39]。在这一方面,他指出分时技术"绝对是对用户的让步,是对用户观点的认可"[40]。

重要的是要记住,像格林伯格这样的研究者所说的"用户"并不是所有类型的用户,至少在 20 世纪 70 年代末和 80 年代初个人计算机出现之前,人类"用户"主要指设计和运行早期计算机系统的数学家和工程师。随着"人机共生"的梦想逐渐深入人心,用户的概念开始扩展到"执行者",但仍然停留在受过教育的白人男性这一狭隘的群体。在人工智能领域,这相当于用有关种族、性别和阶级的极端限制性术语来代表"人类",而研究者将根据这种"人类"形象对智能系统进行校准。纵观整个计算机科学史,这种做法造成了各种形式的偏见和不平等,时至今日都一直影响着计算机技术[41]。

在人工智能研究蓬勃发展的氛围中,对用户视角的强调刺激了研究人员去问为什么,以及在哪些情况下人们会认为机器是"智能的"。人工智能研究人员开始明白，由于人类与机器的交流是在特定社会文化背景下进行的，所以认为计算机拥有智能可能是错觉和欺骗的结果。在这种情况下，"会思考的机器"和"计算机大脑"等神话广为流传将导致大众将相对简单的计算系统视为智能系统，夸大人工智能领域的成就。

　　随着诸如分时技术和其他人机交互技术的实施并取得越来越多的成功，这个问题开始困扰着明斯基等人工智能领域的领头人。正如他的学生约瑟夫·维森鲍姆所言："明斯基在数场谈话中提到，如果计算机的某个行为导致的后果对某特定观察者而言是无法理解的，那么在该观察者看来，这个行为在某种程度上便是智能的，或者至少是出于智能性的动机。当这个观察者最终开始理解眼前发生的一切时，他常常会有种被稍微愚弄了一下的感觉。然后他就会宣布，他之前观察到的'智能'行为不过是'机械的'或'算法推动的'。"[42]1958 年，"思维过程的机械化"（Mechanization of Thought Processes)主题研讨会出版了一本论文集，明斯基在发表的文章中承认，机器看起来可能比实际上更足智多谋和更有效率。他进一步阐述说，这不仅取决于机器的功能，还取决于"进行观察的个体的智谋"[43]。从理论上而言，明斯基相信这样的原则，即机器的行为永远可以用机械术语来解释，如某行为是该机器过去的状态、内部结构和外部偶发事件三者相互作用的结果。但是，在实践中，他承认同一台机器也会招致不同观察者的不同解读。例如，一个对计算和数学缺乏洞见的人，可能会在专业用户不觉得智能的地方感觉到智能。毕竟，类似的事情也发生在判断人类的智力和技能时——"这些判断往往与我们自己的分析不足有关，而且……随着理解程度的变化而变化。"[44] 因此，明斯基在另一篇文章中提出："要衡量智能程度的话，我们必须考虑到观察者有多无知或多缺乏相关理解。"[45]

　　这些并不只是随便观察之后得出的结论。承认观察者，即那些被描述为"以有限的人工智能知识和计算机打交道"的局外人的影响，标志着人们认识到人工智能只存在于文化和社会环境中。在这个环境中，用户的感知、心理和知识发挥着作用。连明斯基这样坚信创造会思考的机器指日可待的著名人工智能科学家都承认和讨论了这一点，可见其意义重大[46]。明斯基承认观察者错误地将智能赋予机器,这似乎与他对人工智能前景的乐观态度有矛盾之处。但是,只要思考一下人工智能出现与人机交互系统发展之间的密切关联,就不会感到矛盾了。在人类用户越来越多地接触计算机并与之交互的情况下,相信人类能够创造会思考的机器与承认智能可能是错觉的产物这两个观点完全兼容。即使有人像明斯基那样完全投身于研制会思考的机器,他也不能否认人类视角确实是方程式的一部分。

在 20 世纪 60 年代这个人工智能和人机交互的奠基时代,观察者带来的问题,即人类目睹展现出智能的机器时会如何反应的问题引发了大量思考。英国控制论专家和心理学家戈登·帕斯克在 1964 年的一篇计算机科学论文中指出:"智能的自身属性中便包含观察者和人造物的关系。它的存在取决于观察者在多大程度上相信该人造物在某些本质方面与另一个观察者存在相似之处。"[47] 帕斯克还指出,自组织①的出现导致了某种形式上对观察者一方的忽视,并详细解释了在何种情况下计算系统可以被编程、被呈现,以使它们看起来"有趣且逼真"[48]。除了在理论上进行辩论,技术产品也在实践中被开发出来,用以测试观察者对展示出智能的机器的反应。例如,在贝尔实验室,信息论之父克劳德·香农和工程师大卫·哈格尔巴格建造了两台计算机,通过前瞻性原则在上面玩一些简单的游戏,即从人类对手之前的动作预测其之后的选择。这些机器取得了一系列令人印象深刻的胜利,它们被许多人认为拥有智能,尽管它们的设计其实很简单,不过是利用了人类很难将自己的行为顺序完全随机化,所以很容易被勘破规律并被预测出后续举动这一点。哈格尔巴格和香农把他们的作品称为"顺序提取机"和"读心机",半开玩笑地赋予其一抹全知的色彩。他们完全抓住了利用人类想象力实现"人工智能"的要义[49]。

对观察者的强调与其他研究领域,特别是量子物理学领域当时的最新关注点一致,即重视观察本身在影响实验结果方面的作用。沃纳·海森堡、尼尔斯·玻尔和埃尔温·薛定谔等科学家在量子力学中发现,仅仅是对现

---

① 自组织是系统理论的概念,指在没有外部指令的情况下,系统内部各子系统间按照某种规则自发地形成有序结构或实现某种功能的现象。——译者注

象进行观察也会不可避免地改变该现象。这打破了牛顿式的确定性，即物理现象是外部的，与观察者无关。这些发现虽然只适用于量子力学层面，即在原子、质子等最小尺度上描述自然界，但它们引发了人们对观察者在其他自然科学和社会科学领域的研究中有何作用的思考。这些发现也影响了控制论和人工智能理论，正如 1962 年该领域一份重要出版物中所记载的那般[50]。

总而言之，人机交互使呼吁计算机适应人类用户的运动兴起，而这些动议符合人工智能领域对计算机智能的新认识，即所谓的计算机智能也可能是用户和观察者未能理解计算机工作原理的结果。尽管人工智能领域乐观而热情的总体氛围边缘化了图灵推崇的研究路径，但图灵测试提到的部分问题还是因此在 20 世纪 60 年代末被纳入人工智能研究的主导范式。

尽管担心计算机的实际成就和功能被神秘化，人工智能领域的研究者们仍然拥抱了将欺骗正常化的新兴趋势，并使其服务于所有的人机交互实践。当时机来临，这种趋势将为"用户友好"这一自 20 世纪 80 年代起便支配了计算机行业的口号铺平崛起的道路。

透明的意义，或者说如何（避免）破解魔术

早期向公众传达人工智能重要性的努力证明，将计算机等同于"电子大脑"的流行神话拥有顽强的生命力。比起只能在科学领域发光发热的"理性机器"，计算机很多时候被当作半魔法设备，蓄势待发地准备在各种领域超越人类。

在这种情况下，新生的人工智能界将人机交互系统的出现视为改变计算机公众认知和公众形象的潜在机会。在 1966 年的《科学美国人》（*Scientific American*）杂志上，人工智能专家约翰·麦卡锡提出，新的交互系统不仅能让人们更好地控制计算机，还能让广大用户群体更好地理解计算机。他认为，在未来，"编写计算机程序的能力将变得和驾驶汽车的能力一样普遍"，而"不知道如何编程就像生活在一栋充满仆人的房子里却不会

说他们的语言一样"。麦卡锡认为,最重要的一点在于,知识的增加将帮助人们获得对计算环境的更多控制权[51]。

麦卡锡的设想为观察者导致的问题提供了潜在的解决方案。事实上,研究者认为某些用户之所以倾向于毫无根据地认为机器拥有智能,完全是因为他们缺乏计算机知识[52]。因此,很多人工智能研究者相信,只要让用户更好地了解计算机工作原理,人工智能的欺骗性就会被破除,如同魔术被破解一般。他们推断,一旦编程像驾驶汽车一样普及,观察者导致的问题就会烟消云散。在麦卡锡等人工智能科学家的想象中,交互式系统将有助于实现这个目标,使计算机比以往任何时候都更易被获取,也更容易被理解。

然而,这样的愿望并没有考虑到欺骗是人类和媒介技术交互关系的结构性组成部分,而并不只是过渡环节。媒介史已经昭示了这一点。为了以美动人、以情动人,媒介需要用户陷入各式各样的错觉。比如,虚构小说会使观众暂时中止怀疑,电视则提供了强烈的存在感和逼真感[53]。与之类似,人类与计算机的交互借由界面实现,而界面掩盖了其背后的技术系统,给用户蒙上了一层错觉。因此,交互式计算系统的发展意味着魔术和欺骗不是被摒弃了,而是融入界面设计了[54]。

除了共生,计算机科学家们还使用了大量其他隐喻描述早期交互系统的效果[55]。在前面提到的关于分时技术的文章中,马丁·格林伯格选择了一个特别有趣的形象。为了证实计算机和用户两者的视角都需要考虑,他把分时比作眼镜[56]。这个光学隐喻强调,由于交互的双方通过不同的视角来"看"交互过程,工程师和设计师需要校准双方的镜片,以帮助他们探索共处的环境,并顺利地进行交互。然而,自古以来,人们一直在为了变戏法和制造错觉而研究开发光学媒介。在这个意义上,格林伯格的比喻表明,人机交互与魔术师操纵观众的感知以在舞台上创造特定效果的做法有共通之处。分时毕竟是一种错觉,它遮掩了计算机的内部功能,使其适应人类用户对时间和同步性的感知[57]。分时系统发展的基础是计算机比人类快。尽管计算机实际上是一次处理一个进程,再在不同进程之间轮转。但是,由于分时技术的存在,用户感觉自己与计算机的交互是连续的。正如麦考杜克指出，这"实际上是个小把戏，是因为人类反应过于缓慢，与计算机速度不匹配"[58]。

媒介研究者认为，不仅是分时，其实所有界面在本质上都依赖于欺骗性。用技术术语来说，界面是计算机的硬件和软件内部或相互之间进行交互的地方，但它通常被描述为使计算机能够与用户交互的设备或程序[59]。洛里·爱默生认为，由于界面在不同层次之间充当中介，所以它在提供访问权限的同时，"也不可避免地充当了魔术师的披风，通过隐藏及揭露隐藏来不断揭示（中介层次、零碎信息等）"[60]。同样，全喜卿观察到，界面在不可见性和可见性之间制造了一个悖论。例如，图形用户界面"为我们提供了一种与硬件的想象关系，即它们不代表晶体管，而代表桌面和回收站"[61]。在这个意义上，设计计算机界面意味着创造隐藏了背后技术系统结构的想象世界[62]。

界面的工作是提供计算机访问权限，同时隐藏系统的复杂性，这与前一章中讨论的人工智能如何促进娱乐性欺骗的发展有所关联。通过图灵设想出的游戏机制，关于智能的错觉被驯化，使人机交互更为高效。与之类似，计算机界面的一个特点在于，它们被设计成能够利用错觉"隐身"，这样用户就不会感觉到它们与底层系统的摩擦[63]。在这种情况下，错觉被正常化了，以使其对用户来说显得自然无痕。正是由于这个原因，人机交互的实践印证了这样一个发现，即但凡牵涉人类，即使误解和欺骗这样的事情也能影响新的共生关系。

在 1966 年关注人工智能的《科学美国人》杂志上，安东尼·奥汀格将麦卡锡普及计算机的梦想与他自己关于软件界面的多个不同观点结合起来。他强调有必要建立更简单的系统，让每个人都能理解计算原理。他因此提出了"透明计算"（transparent computers）的概念来描述他认定的现代软件工程的关键目标，即把拥有复杂进程的计算硬件变成"像纸笔一样容易使用的强大工具"[64]。值得注意的是，在同一篇文章中，他把计算机描述为"非常通用和方便的黑箱（black box）"[65]。"黑箱"这个概念，如前所述，描述了那些完全或几乎不提供内部运作信息的技术产品。从字面意思上理解，我们应该认为计算机同时拥有透明性和不透明性。当然，奥汀格利用了"透明"这个词的引申含义，即易于使用或易于理解。这种所谓的透明性却要通过使计算机内部运作变得不透明来实现，可谓是用户友好时代最具讽刺意味的一个计算机悖论了。

从 20 世纪 80 年代开始，计算机行业（包括 IBM、微软和苹果等公司）都接受了"透明设计"的理念。在这方面，它们忠实于麦卡锡 20 年前的呼吁，意欲使计算机像汽车一样普及。然而，它们和麦卡锡在实现这一目标的方法上存在分歧。它们不是通过教每个人编程来提升计算机知识，而是想让计算机变得更简单、更直观，让没有专业知识的人也能使用（和购买）。透明设计并不是让软件暴露其内部机制，而是利用界面来隐藏计算机运作的原理，为用户提供一个简单、直观的模型[66]。透明设计的目的是使计算机界面变得不可见和无痕，因而可以（用其支持者的话来说）更自然地融入用户的实际生活。不过，就像变魔术一样，透明的这层特殊含义将通过两者间的相互作用来实现：一方面是机器内部在技术上的复杂性，另一方面是机器表层体现出的高度可控性[67]。透明设计通过嵌入界面的一系列表征升华了计算机系统，帮助用户只需在"会操作"的层面上理解计算机运作，而不需要理解更多。正如洛里·爱默生所言，现代计算机行业贩卖的是梦想。在这个梦想中，人类与机器的界限被"发生在界面层面的复杂戏法"消除了[68]。从这个意义上说，让计算机变得对用户友好，就是对用户进行"友好"的欺骗。当我们使用任何数字设备，无论是笔记本电脑还是平板电脑，电子阅读器还是智能手机，我们都会心甘情愿地屈服于这种欺骗。

苹果、IBM 和其他计算机行业的巨头企业们并非第一批吃螃蟹的人。尽管"不透明的透明性"这个概念很奇怪，也很矛盾，但它从 20 世纪 60 年代起就影响着软件界面的发展，并一直持续至今。为了设计出能与用户无缝交互的界面，透明性成了一项组织原则[69]。与此同时，在新兴的人工智能界，驱散计算机魔法光环的梦想被这样的认知取代了，即为了改善人机的交互体验，我们可以操纵用户对计算系统的感知。事实上，交互式人工智能系统本身就是一个界面，它构建了一层层的错觉来掩盖机器运作的原理。因此,我们可以通过特定的交互设计机制来驯化和利用用户将智能赋予机器的倾向(这一点已经被明斯基等人工智能研究者发现了)。可以说,奥汀格让计算机"透明化"的想法已经在庸常欺骗的框架范围内实现了。

计算机从一开始便属于某种充满生命力的奇迹文化。从 19 世纪的自动装置到电子计算机的出现,崇尚展示和表现的文化持续滋养了思考型机器的神话及将人脑和计算机关联起来的想法[70]。不过,计算机营造的魔法感不仅与报纸上的夸张报道和广受欢迎的科幻梦有关,它还根植于人机交互的双方。一方面,它源于人类与物体的关系,以及人们将智慧和社会性赋予事物的天生倾向;另一方面,它蕴藏在构建了层层错觉、遮掩了(但同时又"透明化"了)背后复杂系统的计算机界面中。由于这个原因,即使在今天,计算机科学家们仍然感到消除与人工智能相关的错误观念是一件困难的事情[71]。人工智能的魔力是不可能被消除的,因为它与人机交互系统的基本逻辑相吻合。那么,在寻找人工智能神话经久不衰的密匙时,我们不需要参考关于机械大脑和人形机器人的浮夸故事,而是要关注如何无辜而巧妙地利用"隐藏"和"展示"两种技能。正是对这两种技能的高明使用,让用户自愿地接受了关于思考型机器的友好且庸常的欺骗。

计算机开发人员将在一个更广泛的、保障了计算技术普遍可得性和易用性的框架内引入欺骗性,这为旨在改善人机交互的工作提供了参考。他们的探索带来了一个关键性转变,即从认为欺骗可通过提升计算机知识来消除,转向将各种形式的庸常欺骗完全融入用户与计算机的交互体验。正如下一章所示,这种转变的必要性在很早的时候就明确体现出来了,当时人们正试图建造人工智能系统来与通过分时技术访问计算机的新用户群体交互。其中,一个人工智能系统——聊天机器人 ELIZA,不仅激发了人们对计算原理与欺骗之间关系的明确反思,还成了名副其实的展示人工智能欺骗特性的原型机。如果说图灵测试是由创造性思维促成的思想实验,ELIZA 则使图灵测试有了实体。作为一款软件,ELIZA 在人工智能历史上画下了浓墨重彩的一笔。

第三章　ELIZA 效应：约瑟夫·维森鲍姆和聊天机器人的诞生

如果你想了解有史以来的第一个聊天机器人 ELIZA，苹果的 AI 助手 Siri（至少是安装在我手机里的 Siri 版本）有一个答案（图 3.1）。

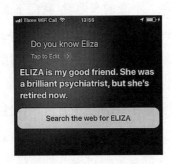

-你知道 Eliza 吗？

-ELIZA 是我的好朋友。她曾是杰出的心理医生，但现在退休了。

（在网络上搜索 ELIZA）

图 3.1　作者与 Siri 的对话（2018 年 3 月 15 日）

这个答案使 Siri 置身于对话式人工智能程序发展的历史长河中[1]。ELIZA 实际上被公认为有史以来的第一个聊天机器人，或者像安德鲁·伦纳德所言，是"直立行走的机器人，即第一个成功冒充人类的程序"[2]。它那至少在某些情况下能成功地冒充人类的能力，为好几代自然语言处理开发者及其他与语言相关的人工智能应用的开发者提供了灵感。这一直持续到 Siri 和 Alexa 等现代系统出现。

本章回顾了 1964—1966 年 ELIZA 在麻省理工学院诞生的情况，并通过研究它在人工智能界和公共领域激发的热烈讨论来审视其影响。在关于人工智能、计算机和媒体的史学研究中,ELIZA 常被顺带提及,但它值得更多全心全意的关注。事实上,维森鲍姆如何创造 ELIZA 及人们如何对待 ELIZA 都是数字媒体史上至关重要的时刻。这不仅因为 ELIZA 被普遍视作第一个使用自然语言进行对话的程序,还因为它极富争议。以它为中心,几大互不相让的叙事框架相互竞争,形塑了有关计算机和数字媒体影响力的核心争论和话语体系。

我将重点放在对 ELIZA 运作原理和成功原因的解读上。我认为,ELIZA 的影响力更多地体现在话语层面,而非技术层面。它让人们发现,人工智能系统可以相对轻松地欺骗用户,给用户留下富有人性和智能的印象。这为钻研人工智能和对话式程序(如聊天机器人)的研究人员开辟了新视角。虽然 ELIZA 的程序相对简单,尤其是与现代系统相比,但有关它的叙事和逸事促使人们思考如何利用人类易受欺骗的特性来实现有效的人机交互。因此,ELIZA 是一个象征性的例子,它证明人造物,尤其是软件,具有社会和文化生命。这不仅涉及它们作为物质的流通,还包括围绕着它们的叙事话语的诞生和流传。

随着 ELIZA 的诞生,出生于德国的计算机科学家约瑟夫·维森鲍姆决心强调计算机"智能"的本质是制造错觉。然而,一些围绕 ELIZA 的叙事反而强化了这样一种观点,即机器以与人类相似的方式思考和理解语言。因此,两大截然不同的阵营均视 ELIZA 为支持己方观点的证据:一方认为,人工智能只是披着智能的外衣;另一方认为,人工智能可以通过人工手段真正复制智能和理解力。此外,在接下来的几十年里,心理投射机制开始被称为"ELIZA 效应",影响了聊天机器人和其他人工智能程序的发展。从这个意义上来说,ELIZA 不仅是一个已经退出历史舞台的软件,它更是一个哲学玩具,就像 19 世纪用来传播关于错觉和感知知识的光学设备一样。它仍然时时提醒人们,人工智能的力量源于技术,也源于用户的感知。

作为人造物和叙事话语而诞生的 ELIZA

尽管有关图灵测试的含义和实际意义的争论仍然激烈,但毫无疑问的是，该测试为随后几十年间蓬勃发展的人工智能界设定了实践目标。在这可谓计算机科学领域最具影响力的人工智能指南中，斯图尔特·罗素和彼得·诺维格发现了图灵测试在发展所谓的行为学派研究中的关键作用。这一流派追求创造行为举止与人类相像的计算机。他们解释说，这一类人工智能程序的目的是"表现"出智能，而不是真的复制智能。这样一来，他们就不用回答机器"大脑"内部到底发生了什么的问题[3]。

1964 年，维森鲍姆在麻省理工学院担任学术职务，从事人工智能研究。他的工作也遵循类似的行为学派路径[4]。尽管在著作中宣称人工智能与人类智能不同，且两者本就应该被区别对待，但维森鲍姆仍然努力设计能让人们相信自己正与智能主体互动的机器程序。维森鲍姆相信，让用户意识到他们正在被欺骗将帮助他们理解人类智能与人工智能的区别。

1964—1966 年，维森鲍姆创造了 ELIZA。它被视作第一个能真正运转的聊天机器人，即第一个能够通过自然语言界面与用户互动的计算机程序[5]。ELIZA 的运作原理相对简单。正如维森鲍姆在描述其发明的论文中所说，ELIZA 会在交谈伙伴提交的文本中搜索相关的关键词。当发现一个关键词或规律时，程序会根据特定的转换规则产生一个适当的回复。这些转换规则基于一个具有两个阶段的过程。首先，程序对输入进行分解，将句子拆解成小段。其次，这些片段被重新组合，根据适当的规则进行调整，如用代词"我"代替"你"，并加入事先设定的词语，生成最终的回复。在无法识别关键词的情况下，聊天机器人会采用预先配置好的公式，如"我明白了"或"请继续"，或通过"记忆"结构从以前的输入中提取信息生成回复[6]。

ELIZA 被开放给麻省理工学院 MAC 项目分时系统的用户使用，旨在与人类用户进行交谈。与现代信息互发服务或在线聊天室类似，这些用户也通过在键盘上打字进行回应。从这个意义上说，ELIZA 的成就多亏了这样一个现成的、可以与聊天机器人交谈的用户社区。这得益于新型人机交互系统的发展[7]。

维森鲍姆坚定地认为，ELIZA 展示的不是智能，而是智能的错觉。该程序将证明人类在与计算机的交互中十分容易受到欺骗[8]。正如维森鲍姆在人工智能史学家丹尼尔·克瑞维尔的访谈中承认,ELIZA 是一个五子棋游戏程序的直接后继。这在他发表的第一篇论文中有所描述,论文的标题恰如其分,叫作《如何使计算机看起来很聪明》(How to Make a Computer Appear Intelligent)[9]。该程序使用了不含前瞻预测的简单策略,但它可以击败以相同的简单策略进行游戏的任何人。该程序意在创造“一个强大的错觉,即计算机是智能的”[10]。正如论文所述,它能够“在一段时间内欺骗某些观察者”。事实上,在维森鲍姆看来,欺骗是衡量 AI 开发人员成功与否的标准:“他的成功可以用被愚弄观察者的百分比乘以他们被蒙在鼓里的时长来衡量。”根据这一标准,维森鲍姆认为他的程序是相当成功的,因为它使许多观察者相信计算机的行为是智能的,创造了“奇妙的自发性错觉”[11]。

考虑到有限的计算能力和可用资源,ELIZA 在欺骗用户方面也可谓相当成功,至少在进行相对简短的对话时是如此。它的有效性源自维森鲍姆的一些直觉。这些直觉严格来说并不涉及编程领域,而是来自心理学上的洞察和维森鲍姆对人类交流行为的理解。维森鲍姆意识到,在人与人的互动中,我们对另一方的身份感知将极大程度上影响这个互动的可信度。因此,为了令人信服地冒充人类,聊天机器人不仅要针对某单一输入作出正确回应,还要在整个对话过程中扮演连贯的身份角色[12]。因此,他将 ELIZA 设想为一个可以适应不同角色的程序。用他特有的戏剧比喻语言来说,这叫“剧本”。在 ELIZA 的软件架构中,剧本被当作数据处理,这意味着它们“不是程序本身的一部分”。就对话模式而言,一个剧本对应着机器人在整个对话中扮演的某个特定角色[13]。

在名为“DOCTOR”(医生)的 ELIZA 初始版本中,剧本模拟了一位采用罗杰斯心理疗法的心理医生。罗杰斯心理疗法是一种非指导性疗法,面对病人的倾诉,心理医生的回应方式主要是将发言权重新转回病人身上,如对病人进行提问[14]。选择这个角色对 ELIZA 的成功至关重要。事实上,这种治疗方式的特性使程序得以在维持对话的同时几乎不新添任何信息。维森鲍姆在他发表的第一篇有关该主题的论文中摘录了一些用户与 ELIZA 的对话,集中体现了这一策略的效果:

用户:男人都是一样的。

ELIZA:在什么方面?

用户:他们总是为一些事情烦扰我们。

ELIZA:你能想出一个具体的例子吗?

用户:嗯,我的男朋友让我来这里。

ELIZA:你的男朋友让你来这里。

用户:他说我很多时候都很抑郁。

ELIZA:我很抱歉听到你很抑郁。[15]

维森鲍姆解释说,ELIZA 这个名字是根据萧伯纳的戏剧《皮格马利翁》(*Pygmalion*)中的人物伊莉莎·杜利特尔而来。在剧中,语音学专家希金斯教授与一位朋友打赌,说他可以用自己的语音学知识把伊莉莎(一个操着苏格兰口音的考文特花园卖花女)训练成像贵族一样仪态万方、言辞得体[16]。这符合维森鲍姆对这个程序的期望,即希望它能不断进步、改变,就像希金斯教授指导下的卖花女一样[17]。选择像《皮格马利翁》这样探究真实性和表演性的文学作品并非偶然。ELIZA 忠实于维森鲍姆的行为学派方针,如前所述,即旨在模仿而非复制人类智能。它获得了《皮格马利翁》一般的名气,因为它制造了真实感,尽管这层真实感仍停留在"戏剧创作领域"[18]。事实上,维森鲍姆经常将 ELIZA 比作演员,"根据一定的指导方针即兴表演,也就是在一定的系统内,或者以戏剧的方式比喻,是围绕某一角色设定进行即兴表演"[19]。为了强调 ELIZA 只能制造表面上的真实,他甚至不惜指出"从某种意义上说,ELIZA 是掌握了一套技术动作但没有自己观点的女演员"。他还表示,ELIZA 只是对非指导性心理治疗师的"拙劣模仿"[20]。

因此,对维森鲍姆来说,ELIZA 的运行机制可以等同于"表演"。更宽泛地说,"交谈"及人机之间的语言互动其实都是角色扮演。正如他在一篇专门讨论"计算机对语境的理解"的文章中所言,人类主体的贡献才是人机互动的核心。人类对其交谈伙伴进行假设,给他们分配特定的角色,只要对话程序成功地扮演了这个角色,就会显得十分可信。当程序没能成功地扮演这一角色,即人类发现自己基于某语境作出的假设在程序身上不再成立时,被程序诱导出的错觉就会烟消云散。维森鲍姆指出,这一现象正是闹剧类喜剧之所以产生喜剧效果的基础[21]。

在 ELIZA 诞生后的几十年里,戏剧隐喻一直被学者和评论家用来讨论维森鲍姆的工作。在更广泛的层面上,它已经成为评论家和程序开发人员描述聊天机器人运作机制的常见方式[22]。这很重要,因为正如乔治·莱考夫和马克·约翰逊所示,出现描述事物的新隐喻可能会影响人们对这些事物的态度,并指导人们的未来行动[23]。在用戏剧隐喻证明人工智能是错觉产物的同时,维森鲍姆使用的另一个类比更加明确地指出了欺骗性的问题。他指出,用户相信 ELIZA 确实理解他们在说什么,就"相当于许多人相信算命先生确实能洞察天机"[24]。与算命先生一样,ELIZA 的回复留下了足够的解读空间让用户自行脑补。因此,"与 ELIZA 对话的人所感知到的'合理性'和连贯性主要是由他自己提供的"[25]。

正如科技史学家表明的那样,科技不仅在物质和技术层面发挥作用,还通过它们产生的叙事或它们被迫进入的叙事发挥作用[26]。例如,大卫·艾杰顿指出,德军在第二次世界大战结束时开发并使用了 V2 火箭。如果考虑到其使用的资源数量和实际效果,这些火箭其实是无效的。但是,它们在象征意义的层面十分有效,因为它们延续了胜利的希望。换句话说,火箭的作用首要体现在叙事层面,而不是物质层面[27]。类似的论述也适用于软件。例如,想想国际象棋程序"深蓝"(Deep Blue),它因在 1997 年击败国际象棋大师加里·卡斯帕罗夫而举世闻名。为开发"深蓝",IBM 投入巨大。然而,当"深蓝"挑战成功,当记者的注意力消失,IBM 就解散了这个项目,并给曾属于该项目的工程师们分配了不同的任务。事实上,IBM 关心的是这个项目创造叙事的能力,即要让 IBM 跻身计算机技术发展的最前沿,而不是它在挑战卡斯帕罗夫之外的其他潜在应用[28]。

同样,ELIZA 在话语层面而非实用层面特别有效。维森鲍姆对 ELIZA 的实际应用有限这一事实始终不加掩饰,他认为 ELIZA 的影响力在于揭示了一条潜在的道路,而不是其在当下的实际应用价值[29]。正如玛格丽特·

博登所言,在编程技术方面,ELIZA 甚至在创建之初就简单到了过时的地步,而且被证实在技术层面基本与人工智能领域的发展无关。这主要是因为维森鲍姆"并不打算让计算机'理解'语言"[30],他反而对 ELIZA 程序将如何被用户解读和"阅读"有着浓厚的兴趣。这表明,维森鲍姆的目标是开发能够创造计算机、人工智能及人机交互具体叙事的程序。从这方面来说,他创造 ELIZA 是为了证明自己关于人工智能的观点,即人工智能之所以"智能",是因为用户倾向于在其身上投射特定的身份。换句话说,ELIZA 既是一个对话程序,也是一个关于对话程序的叙事,两者具有同等的分量。

然而,维森鲍姆对欺骗用户不感兴趣。相反,他预期用户会在与 ELIZA 的互动中意识到机器展现出的智能只是欺骗的产物,从而对 ELIZA 产生特定解读[31]。这种叙事将人工智能呈现为错觉效果,而非通过编程植入机器的人类智能。因此,这种叙事将用一种更符合行为学派路径的话语取代认为计算机可与人类智力相提并论的"思考型机器"的迷思[32]。回顾 ELIZA 的诞生,维森鲍姆解释说它被设想为一个"编程把戏"[33],甚至可以说是个"玩笑"[34]。通过演示这般简单的计算机程序也能成功地欺骗人类,使人类相信其真实性,ELIZA 有力地说明了人类在面对"人工智能"技术时有多容易受到欺骗。

在这个意义上,维森鲍姆的方法让人想起维多利亚时代的哲学玩具,如万花筒或幻透镜。它们通过操纵观众感知来解释光学,并为观众带来娱乐[35]。事实上,维森鲍姆指出,ELIZA 成功的一个原因是用户可以与它进行游戏式的互动[36]。ELIZA 的目标对象是当时麻省理工学院新型分时系统的用户们。ELIZA 将刺激他们,使他们思考人工智能的潜力,而且更为关键的是,思考人工智能的局限性——因为"编程把戏"创造的是智能的错觉,并非智能本身。

维森鲍姆成功地用 ELIZA 创造了新的叙事,即人工智能的本质是欺骗。这一点从流传至今的关于人们如何对待 ELIZA 的往事中可以看出。其中,一个著名的小故事与维森鲍姆的秘书有关。秘书曾要求维森鲍姆离开房间,表示需要隐私空间来与 ELIZA 聊天。维森鲍姆对这个要求尤其吃惊,因为秘书很清楚ELIZA背后的程序如何运作,不可能认为它是一个好的听众[37]。关于ELIZA的另一则逸事是,一个计算机销售员与ELIZA进行了电传①交流而没有意识到对方是计算机程序,交流的结果是销售员大发雷霆,反应激烈[38]。这两个小故事都常常被提起,用以强调人类很容易被人工智能展现出的智能外表欺骗,尽管有些人(如雪莉·特克尔)指出秘书的故事可能反而揭示出用户倾向于维护ELIZA有智能的假象,"因为他们自己渴望为机器注入生命"[39]。

在这样的逸事中,"人工智能是欺骗的产物"这一观点在简单却有效的讲述中得到了证实,而这些逸事在人们如何对待ELIZA的方面起到了关键作用。事实上,逸事的一个特点就是它们能够被记住、被复述和被传播,传达关于某人、某事的意义和主张。例如,逸事增加了传记这一体裁的叙事性,尽管传记作品是非虚构的,但也以讲故事为基础。同时,逸事也有助于加强对传记对象的刻画,如她的气质、性格和所掌握的技能[40]。在ELIZA被公众接受的过程中,有关秘书的逸事也扮演了类似的角色。在它被不断复述传播的过程中,ELIZA的运作方式被盖上了"欺骗"的印章,并呈现给公众。朱莉亚·索内文德令人信服地证实了,那些关于媒体事件的最有影响力的叙事都有一个特点,即可以"浓缩"为一个短语和一个简短的叙述[41]。还有人用布鲁诺·拉图尔式的语言将类似的过程描述为对叙事进行"巴氏杀菌",即"以一个简单、合理、强有力的解释为名消灭病菌"[42]。通过对叙事进行巴氏杀菌,不符合某个事件主流叙事的元素被刻意忽略,更连贯、更稳定的叙事话语被优先考虑。在这个意义上,关于欺骗的逸事,特别是那则关于秘书的逸事,对ELIZA的故事进行了"浓缩"或"巴氏杀菌",将其打造为计算机有能力欺骗用户的强大叙事,继而呈现给公众。

计算机隐喻和思考型机器叙事

如前所述,维森鲍姆的著作表明,他开发ELIZA的一个目的就是使用

---

① 电传是一种允许用户远距离收取和发送打印文本的通信技术。——译者注

"欺骗叙事"来展现自己对人工智能的特定看法。这在人们如何对待ELIZA的逸事中得到了证实。这些逸事广为流传，形塑了关于该程序意义和影响的讨论。然而，维森鲍姆忽略了一点，即他虽然能够控制程序的行为，却无法控制（或用计算机科学的语言来说，即无法"编程"）所有由此衍生的叙事和解读。出乎他意料的是，公众对ELIZA的接纳也导致了第二种叙事方式的出现。这种叙事不将ELIZA的精妙表现作为被成功制造出来的错觉，而是作为计算机能够赶上或超越人类智能的证据。

正如我在第二章讨论的，计算机在其早期历史中就被描述为机械大脑或电子大脑，人们认为其运作机制或许可以复制甚至超越人类理性[43]。在叙事形式上，这种设想与众多展现了机器人和计算机如何具备人类特征的科幻小说对应，也与夸大了计算机成就的新闻报道对应[44]。尽管人工智能的成就，尤其是早期成就，往往远不能与人类智能相提并论，但即使是明知其局限性的研究人员也倾向于夸大其成就，这滋养了将计算机作为"思考型机器"的叙事话语[45]。

这种叙事与维森鲍姆的信条形成了鲜明对比。后者认为人工智能应该被理解为错觉，而非机器可以像人类一样领悟和推理的证据。他争辩说，计算机会思考的想法类似于迷信。在介绍ELIZA的第一篇论文中，他指出计算机可能被普通人视作在表演魔术。然而，"一旦某个程序被揭开面纱，一旦它的内部运作被解释得足够通俗易懂，它的魔力就会分崩离析。届时，大家就会知道它只不过是一堆生成器的集合，其中每一个都很容易理解"[46]。作出这番论述的维森鲍姆似乎没有意识到一件与所有创作者都息息相关的事，即无论是小说作者还是项目工程师，一旦他的创作进入公众视野，无论他曾多么仔细地思考这份创作的意义，那些意义都可能因他人（其他作家、科学家、记者和普通人等）的理解和阐释而被颠覆。无论程序员的意图是什么，计算机程序都可能看起来像在施展魔法。同时，新的叙事可能出现，并覆盖程序员原本打算嵌入机器的叙事。

这是维森鲍姆将从经验中学到的东西。事实上，公众对ELIZA的反应涉及一个新出现的叙事话语，与维森鲍姆原本打算"编程"到机器中的那个非常不同。随着 1968 年斯坦利·库布里克的经典科幻电影《2001:太空漫游》上映,许多人认为 ELIZA 是"接近虚构形象 HAL[①] 的存在,即一个智能到足以理解和生成任意人类语言的计算机程序"[47]。此外,维森鲍姆意识到,借鉴他研究成果或跟随他脚步的后继者们对人工智能的范畴和目标有着非常不同的理解。斯坦福大学的心理学家肯尼斯·马克·科尔比开发了对话机器人 PARRY,其设计松散地借鉴了 ELIZA,但代表着对该技术全然不同的解读。科尔比希望聊天机器人能够成为实用的治疗工具。通过这种工具,"特别开发的计算机系统每小时可以应对数百个病人"[48]。在过去,维森鲍姆和科尔比曾进行过合作和讨论。维森鲍姆后来表示,这位前合作者没有以一种恰当的方式承认对 ELIZA 项目的参考,自己对此有些在意。但是,两位科学家随后产生的争论主要在于道德层面[49]。事实上,维森鲍姆认为让聊天机器人为真实的病人提供治疗是很不人道的,这没有尊重病人在情感上和脑力上的投入。这一点他后来说得很清楚[50]。他认为,问题是"我们是否希望鼓励人们生活在专利欺诈、冒牌内行和不真实的基础上。而且,更重要的是,我们真的相信生活在这个已经过于机器化的世界里的人们更愿意接受机器的治疗而不是人类的治疗吗?"[51] 这反映了他坚定的信念,即有些任务,即使在理论上和实践上是可能的,也不应该由计算机完成[52]。

　　ELIZA 在计算机科学和人工智能领域引起了相当大的关注,在流行报刊上也是如此[53]。然而,这些报道往往忽略了其有效性是来源于欺骗的事实。相反,它们着力描绘 ELIZA 看起来多么像有感知能力的主体,助长了计算机是"会思考的机器"这一广为流传的叙事,使人工智能的能力不断被夸大。这种呈现方式正是维森鲍姆从一开始就希望避免的,他在早期的作品中就试图揭示是什么让计算机看起来很聪明,驳斥他认为具有误导性的关于计算机智能和理解力的假象。这些思考促使他重新设计 ELIZA,让程序自行展示其误导性,为用户提供原理解释,消除用户的困惑[54]。

　　维森鲍姆担心,其他科学家和各路媒体对 ELIZA 功能的叙事方式将助

─────────

① 一般译为哈尔,是该电影中的一个人工智能角色。——译者注

长被他称为"计算机隐喻"的思想。这种隐喻将机器比作人类，将软件制造智能表象的能力偷换概念为智能本身[55]。在多年来的诸种著作中，维森鲍姆哀叹计算机的实际功能与公众认知之间的紧张关系。他指出，问题不仅在于公众的轻信，还在于科学家们倾向于以夸张或不准确的方式描述他们的发明，利用非专家无法区分真假这件事来牟利。在给《纽约时报》（*New York Times*）的一封信中，他批评了杰里米·伯恩斯坦在一篇关于自复制机的文章中提出的过于乐观的主张。维森鲍姆指出，科学作家对非专业读者负有"非常特殊的责任"，后者"除了按字面意思解释科学著作之外，别无他法"[56]。正如维森鲍姆在与《观察家报》（*Observer*）的记者的谈话中指出，专家采取的叙事角度可以产生现实影响，因为"语言本身不过是操纵世界的工具，在原理上与使用编程语言操纵计算机无甚区别"[57]。换句话说，维森鲍姆认为对特定叙事话语的使用可以对现实世界产生影响，就像程序员可以通过使用编码指令操纵计算机在现实世界中引发改变一样[58]。出于这个原因，维森鲍姆认为科学家的一项重要职责便是在谈及自己的研究时确保用词准确，避免耸人听闻。

在《计算力量与人类理性》（*Computer Power and Human Reason*，1976）中，维森鲍姆指出，普通人在这种情境下特别容易受到歪曲表述的误导，因为计算机的实际运作原理鲜为人知，但它又极易挑逗公众的想象力，自带"某种来自科学的光环"[59]。他担心，如果公众对计算机技术的构想被误导了，那么关于如何管控这些技术的公众决定也可能被误导[60]。在他看来，计算机已经成为强大的隐喻属于事实，但这并没有增进公众对计算机的理解。相反，在他的推理中，隐喻"暗示着需要知晓的一切都已知晓"，从而导致"思想的过早封闭"。这样非但不能改善公众对人工智能和计算科学复杂概念缺乏理解的现状，还会将此情形维持下去[61]。

网络数字文化领域的学者们已经说明，诸如"云"这样的隐喻如何为新技术那虽然强大但有时并不准确的公众呈现提供叙事基础[62]。然而，人们较少关注软件等特定人造物如何刺激了这种隐喻的出现，哪怕新软件的面世往往会在公共领域激起强烈反响。举例而言，《死亡赛车》（*Death Race*）

或《侠盗猎车手》(*Grand Theft Auto*)等电子游戏极大地左右了媒体如何讲述游戏对社会的影响[63]。正如维森鲍姆的洞见——其他科学家和媒体对 ELIZA 功能的叙事方式助长了"计算机隐喻"的强化。通过这种隐喻,软件假装智能的能力被偷换概念为智能本身。尽管维森鲍姆在对 ELIZA 进行构思和编程之时期望着它能帮人们消除计算机的神奇光环,但实际上,伴随着公众对 ELIZA 的密切关注而出现的叙事话语反而强化了他本打算消除的那些隐喻方式。

ELIZA 转世

苹果公司的开发人员设定 Siri 使用"ELIZA 是我的好朋友。她曾是杰出的心理医生,但现在退休了"这句话来回答关于 ELIZA 的问询(图 3.1)。他们这样做不仅是为了向 ELIZA 这个始祖和典范致敬,也是为了让他们自己开发的 Siri 显得聪明。Siri 与其他语音助手角色(如 Alexa)的不同之处在于,Siri 对讽刺的使用使"她"拥有了独特的个性。在互联网上,人们可以找到许多列举 Siri 趣味回答的网页。例如,如果被要求"说下流话"①,Siri(或者更准确地说,是某些版本的 Siri)会回答:"该给地毯吸尘了。"[64] 同样,Siri 谈及 ELIZA 时使用的措辞也具有一定讽刺意味。这两个系统之间的关联被表述为友谊,一种与它们人造物的身份形成鲜明对比的情感关系。但是,这同时揭示了开发者想要制造错觉并让用户觉得 Siri 有人性的野心。ELIZA 被描述为一个杰出的心理医生,即使维森鲍姆不断强调它只是外表智能,内里实在愚蠢。此外,在提到 ELIZA 已经退休时,Siri 的开发者玩笑般地传达了 ELIZA 属于上个年代,其遗产已被 Siri 等虚拟助手继承的意思。

的确,讽刺可能是向历史上第一个聊天机器人致敬的最好方式。正如前文讨论的,维森鲍姆多次强调 ELIZA 是对心理治疗师的滑稽模仿,突出

① 英文"talk dirty"意为说下流话,但也可根据字面意思故意理解为"谈论脏的东西"。此处 Siri 采用了第二种理解,回避了说下流话的要求,并开始谈论给脏了的地毯吸尘。——译者注

他创造 ELIZA 的讽刺意图。这是一个关于心理治疗的玩笑,是对精神科医生的夸张戏仿。正如珍妮特·默里在她关于数字媒体如何重塑叙事的研究中指出的,ELIZA 也是"第一个完全基于计算机的角色","戏仿了心理治疗中某些大家都很熟悉的荒谬之处"[65]。如果有时公众会因为对影视文学作品中的虚构人物过于熟悉,以至于把它们当作真实存在的话,公众关于 ELIZA 的记忆也发生了类似的错乱。ELIZA 成为萦绕在现代人工智能系统,甚至更广泛地说,萦绕在整个计算机文化头上的电子幽灵。

　　ELIZA 的遗产延续至今,其影响不局限在某一个方面,而是在很多方面都有体现。正如诺亚·沃德瑞普弗洛因指出,ELIZA 在诞生后的几十年间都是"展示计算机发展潜力的全球最著名的范例之一"[66]。人们认为 ELIZA 是一场实验,它提出了关于用户如何将理智和意义投射到机器身上的关键问题。今时今日,ELIZA 仍继续作为聊天机器人与现代计算机用户互动着,人们可以通过任何连接了互联网的设备与之对话。事实上,用户还可以在不同网站上与 ELIZA 的好几个重制版本聊天(图 3.2)。尽管因为编程语言不同,它们并非完全复制自 ELIZA,但它们也是维森鲍姆造物的化身[67]。现代用户被邀请怀着玩耍的心态与它们互动,这进一步强化了其与维多利亚时代哲学玩具的比较关系——后者不但被用来证实感知错觉的存在,也用来娱乐。同样,ELIZA 的化身们鼓励人们与它们在线互动嬉戏,但这也激发了人们对人工智能系统的本质和人类与之建立关系的内在动力的思考。

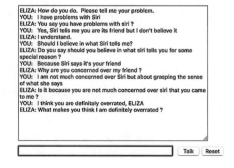

ELIZA:你好,请告诉我你的问题。

我:我对Siri有意见。

ELIZA:你说你对Siri有意见?

我:是的,Siri告诉我你是它的朋友,但我不信。

ELIZA:我理解。

我:我应该相信Siri告诉我的话吗?

ELIZA:你这样说是有什么特殊原因吗?

我:因为Siri说它是你的朋友。

ELIZA:你为什么对我的朋友这么在意?

我:我不是很在意Siri,但我很在意把握她说的话的意思。

ELIZA:你来找我是因为你对Siri不是很在意吗?

我:我认为你绝对被高估了,ELIZA。

ELIZA:你为什么觉得我绝对被高估了?

图3.2 作者与ELIZA化身的对话(2018年5月18日)

作者注:我明白自己陷入了(庸常)欺骗,因为我使用了女性代词"她"而非中性代词"它"来指代一个软件。

正如博登指出的,ELIZA在媒体上的高知名度有助于将图灵测试变成普通人也会使用的日常词汇,并强化其在人工智能词汇表中的存在感[68]。ELIZA在话语层面的影响尤其深远,直到今天,在如何使人类和机器通过语言来互动交流的方面仍一直影响着人们的反思和实验。马克·马里诺在博士论文中进行了问卷调查,证实了在聊天机器人用户和开发者组建的社群中,人们仍然认为ELIZA"是始祖,是黄金标准,是遗迹,是现在评估聊天机器人时的重要试金石"[69]。

ELIZA的一大独特之处在于,甫一开始它就被设想为一种关于计算科学及其与人类关系的特定叙事的具象化身。正如我所说的,维森鲍姆将该程序视为说明人工智能和人机交互理论的物品。然而,这被证实不过是对ELIZA的众多解读中的一种罢了。事实上,认为ELIZA是计算机拥有智能的证据的叙事话语(计算机隐喻)塑造了该软件的公众形象。这反过来又刺激了维森鲍姆提出对该事件的不同解读,呼吁对计算技术带来的危险和潜在问题进行批判性反思。他那本被广泛传阅的《计算力量与人类理性》将ELIZA变成了关于计算技术和数字媒体的强有力的叙事,预见了批判流派的出现，并在许多方面为此提供了土壤，抵抗了所谓的数字革命的技术乌托邦话语的出现[70]。因此，ELIZA 不仅是某一个叙事的主角，还是一系列叙事的主角。在数字媒体发展的那个重大时刻，这些叙事为计算技术和人工智能的影响及意义贡献了另一种设想。

如果维森鲍姆将 ELIZA 设想为嵌入程序的理论化身，那么在他之后的其他人也将 ELIZA 变成了关于人工主体、用户和对话式 AI 的理论化身。即使在今天，人们相信聊天机器人会像人一样思考和理解的这种倾向也常被描述为 ELIZA 效应，描述用户将"软件不可能拥有的……内在品质和能力"赋予计算机系统的场景，特别是在涉及拟人化的时候[71]。在聊天机器人领域，ELIZA 效应至今仍是热门话题，反复出现在用户无法区分人类和计算机程序的报道中。

关于 ELIZA 效应到底有何具体启示，不同作者有着极为不同的解读。例如，诺亚·沃德瑞普弗洛因认为，欺骗性是由于观众对聊天机器人的内部运作产生了错误理解："他们假定，既然与程序交互时界面上能够呈现出看似连贯的对话，那么这个软件的内部一定是很复杂的。"[72] 在这个意义上，ELIZA 效应指的是软件那让人两眼一抹黑的运行机制和用户体验到的智能感之间的差异。这种印象的形成不仅因为用户对计算机接触有限，更因为他们对人工智能和计算机有一些先入为主的印象[73]。

特克尔对 ELIZA 效应进行了不同且在许多方面都更为细致的解读。她用这种解读来描述当用户知道 ELIZA 或其他聊天机器人只是计算机程序时，会如何改变互动模式，以期"帮助"机器人生成能让人读懂的回复。她指出，事实上 ELIZA 的用户会避免输入一些他们认为会让它困惑或生成意料之中的回复的事情。在这个意义上，ELIZA 效应与其说是证明了人工智能拥有欺骗用户的能力，不如说是证明了用户拥有心甘情愿地（也许更恰当的说法是自我满足地）陷入错觉的倾向[74]。

这种对 ELIZA 效应的解释让人想起了人们面对数字技术或干脆说面对所有技术时的反应。正如杰伦·拉尼尔观察到的，"我们已经一再证明，人类这个物种在降低标准以使信息技术看起来更好的这个方面天赋异禀"。

例如,想想教师给学生提供的那些算法可以轻松批改的标准化考试,或者金融危机之前任由机器指导金融决策的银行家们[75]。因此,ELIZA 效应揭示了一种认为机器有智能的强烈意愿。这种意愿影响了关于人工智能和计算技术的叙事话语,也影响了人们日常生活中与算法和信息技术打交道的方式。

从这个意义上说,特克尔所言非虚,ELIZA"令人着迷,不仅因为它栩栩如生,还因为它让人们意识到自己渴望为机器注入生命"[76]。尽管人们在与人工智能的实际交互中对这种渴望秘而不宣,但它可能也揭示了用户的某些实用主义倾向。例如,当使用聊天机器人进行心理治疗时,沉迷 ELIZA 效应并"帮助"聊天机器人完成其工作可能会改善用户体验。同样,当面对旨在给用户提供陪伴的人工智能伴侣(如社交机器人或聊天机器人)时,如果用户输入的都是它们可以妥善回应的内容,不让它们暴露自己的缺点,那么它们将更能给人带来安慰。此外,Siri 和 Alexa 等 AI 语音助手的用户会学习最合适的指令措辞,以确保这些助手能够执行他们的日常任务并"理解"他们。从这个意义上说,作为庸常欺骗的一种表现形式,ELIZA 效应有助于解释为什么用户要与嵌入人工智能的欺骗机制同谋——不是因为用户天真,而是因为被骗对他们而言也有实用价值。

尽管如此,这种看上去的善意不应让我们就此忘记维森鲍姆的热烈呼吁,即要像考虑人工智能技术的好处那样考虑它的风险。对维森鲍姆本人来说,ELIZA 效应体现了一种关于接受的动态关系,它是"更深层次的问题的症状表现",即人们渴望赋予它物智能,即使没有什么证据[77]。他断言,这种倾向可能会产生持久的影响,因为机器虽然最初是由人制造的,植入了关于现实的特定模型,但随着时间流逝,人可能会反过来接受这些狭隘的模型,改变对"何以为人"的定义和看法。因此,对维森鲍姆来说,ELIZA 证明了人工智能不是或不仅仅只是被该领域的主要研究者热情宣传的万能药。

聊天机器人和人类

塔伊娜·布赫最近提出了"算法想象"(algorithmic imaginary)的概念,

用以描述人们在日常生活中体验和理解到的自己与算法的交互方式[78]。她指出，用户使用非常个人的方式解读自己日常生活中与计算技术的交互，而这些解读影响了他们对数字媒体的想象、感知和体验。虽然布赫主要关注人们与现代计算技术的交互，但 ELIZA 的案例表明，这些解读同样被围绕着它们的叙事和愿景影响。事实上，正如兹德内克所言，人工智能依赖于物理层面和话语层面上人造物的生产，即人工智能系统"以修辞为中介"，因为"意义、价值和形式都由语言赋予"[79]。这种依赖也源于软件的不透明性，即软件的运作原理对用户而言通常是晦涩难懂的。在某种程度上，计算机科学家又何尝不是如此，面对复杂的系统，他们通常只掌握了部分知识。如果说叙事在这个意义上可以为公众阐明软件的技术性质，那它也可能同时将软件变成争议对象，其含义和解读将被置于公共领域，成为复杂谈判的争议主题。

ELIZA 就是这样一个有争议的对象，也因此引发了关于人工智能与欺骗之间关系的讨论，这在当今社会依然能找到共鸣。在新兴的人工智能领域，ELIZA 使我们一窥人机交互的模式和规律，似乎不同于同时期麻省理工学院及世界各地其他研究中心所拥抱的人机共生愿景。不过，这种对比只存在于表面。事实上，维森鲍姆从错觉的角度研究人工智能的做法，与正在形塑这一年轻学科的、关于人机交互的更广泛的讨论息息相关。

在计算科学和人工智能的历史中，维森鲍姆通常被视作人工智能领域的流浪者或相对被孤立的人物。在他职业生涯的最后阶段，这种说法肯定没错，因为当时他采取的批判立场为他带来了学科"异端"的名声。然而，在他早期研究 ELIZA 和其他人工智能系统时，情况并非如此。这些系统在人工智能领域极具影响力，帮助他在麻省理工学院获得了终身教职[80]。维森鲍姆在研究 ELIZA 时提出的那些问题并非一个流浪者的孤独探索，他的几位同行，包括当时一些重量级的研究者（如第二章所示）也都提出了这些问题。虽然人工智能发展成了一个融合多种学科观点和方法论的异构环境，但许多人承认，用户可能会在与"智能"机器的交互中受到欺骗。与维森鲍姆一样，新兴人工智能领域的其他研究者也意识到，人类在人工智能方程式中并不是一个无关紧要的变量——他们为智能的涌现,或者更确切地说,是智能表象的涌现,作出了积极贡献。

从这个意义上说,激励了维森鲍姆求索的那些问题和围绕着 ELIZA 的争议不仅影响了聊天机器人开发人员和人工智能科学家的工作。不同应用领域的软件开发人员发现,用户将智能或主体性投射到机器上的倾向是由软件设计中的特定元素激发的,而调动这些元素可以帮助人们设计出功能更强的程序和系统。在下一章,我将提到一些例子,说明软件开发如何变成了探究欺骗性对人机交互影响的新战场。这些特殊的例子将说明 ELIZA 效应关乎的远不仅是一个可能欺骗了某些用户的、老旧的聊天机器人。相反,它关乎人机关系的某个结构性维度。

第四章　守护进程、狗和树的故事:通过软件理解人工智能

20 世纪 70 年代—90 年代初,个人计算机诞生,计算机领域向网络系统和分布式计算转变。人工智能便在这时被进一步嵌入日益复杂的社会环境[1]。在那之前,人工智能在很大程度上只是测试计算技术局限性和潜力度的孤立实验。越来越多的情况下,人工智能技术被开放给用户社群,并针对性地应用于实践。像 ELIZA 这样的开创性项目主要涉及从业者群体,如围绕麻省理工学院 MAC 分时项目聚集起来的那些。但是,当计算设备成为大多数人日常生活的中心时,人工智能的重要性发生了不可逆转的变化。它的意义也随之改变,即随着人工智能体和人类用户之间的新交互机会的出现,人工智能开始拥有自己的社会生命。

有些自相矛盾的是,在这些发展出现的同时,人工智能企业却时运不济。在经历了 20 世纪 50 年代和 60 年代的热情之后,在接下来的 20 年里,人们对人工智能的前景感到失望。随着一系列批判性著作尖锐地指出现有的系统在实践中的局限性,思考型机器的神话幻想与人工智能的实际研究结果之间的差距让人无法忽视。例如,由英国科学研究理事会委托编写的《莱特希尔报告》(The Lighthill report)对人工智能的缺点进行了悲观的评述,指出了"组合式爆发"的可能性——数据量的激增将使问题迅速变得棘手[2]。其他批判性著作,如休伯特·德雷福斯的《炼金术和人工智能》(*Alchemy and Artificial Intelligence*)也强调人工智能研究者们宣称所取

得的成就压根无法带来重大的实际成果[3]。这些批评对整个人工智能领域造成了毁灭性冲击，公众不再信任人工智能研究，研究者失去了信誉和经费支持。所谓的"人工智能寒冬"到来了。

作为回应，许多研究人员在 20 世纪 70 年代末和 80 年代初开始避免使用人工智能这个词来称呼他们的研究，即使这些项目在几年前还被这样称呼。他们担心，如果使用这样的术语来描述自己的工作，人工智能饱受诟病的负面形象将对自己不利[4]。然而，即使换了个名字，美国、欧洲、亚洲和世界各地的实验室实际上仍在进行自然语言处理和对话式人工智能等领域的研究，并取得了重大进展[5]。此外，新兴的计算机软件行业为探索、实验人工智能的新应用提供了支持，人工智能被应用在家庭计算机和游戏等领域。其间，科学家取得了关键进展，将人工智能融入新的交互系统，为今天的对话式人工智能（如 Alexa、Siri 和谷歌助手）的面世做好了准备。

本章通过三个案例研究人工智能是如何与软件系统结合的。这三个案例分别是被称为"守护进程"（daemon）的例行程序、电子游戏和社交界面。这些不同的软件程序的发展历程使我们得以思考，用户对计算机和人工智能的理解是如何随着时间的推移而发生变化的，以及这些变化如何与人机交互的演变史相关联。特克尔发现，在 20 世纪 70 年代末—90 年代的数十年间，参与她研究的人们对人工智能的看法发生了重大变化。她指出，随着个人计算机的出现及人们对计算机技术的日益熟悉，用户眼中的人工智能似乎不再具有很强的威胁性。随着计算机变得无处不在并承担越来越多的任务，它们融入了家庭环境和日常生活，变得不那么可怕，反而有些让人熟悉、亲切起来[6]。基于人工智能的技术被整合至世界各地数百万人日常使用的软件，帮助用户和开发人员探索人工智能的潜力和不明晰之处。这不仅在技术层面为当代人工智能系统的发展做好了准备，也在文化和社会层面上产生了影响。

与其他技术制品一样，重构软件的发展历史也需要采用一种多层次的，包含技术的物质性、社会性和文化性的方法[7]。然而，计算机软件的特殊性为这一壮举增添了额外的复杂性。正如计算机史学家迈克尔·马奥尼指出，复原软件史之所以艰难，是因为它的重心并非计算机。软件史一方面反映了软件研发行业的历史，另一方面反映了支撑软件流通和使用的文化、社会和实践环境。正是在被使用、被流通的特定情形和境况下，人们才能追溯软件实际造成的物质结果和它的功能运作情况[8]。因此，追溯软件的历史需要了解其多维性，并对此保持敏感[9]。正是本着这种精神，我将目光转向了丰富多样的软件程序的历史，研究计算机守护进程、电子游戏和社交界面这三种截然不同的软件程序。随着人工智能融入人们日常生活环境的机会不断增加，这些研究对象中的每一个都将告诉我们一些关于人工智能在今天意味着什么的信息。

与石头对话：守护进程、软件的主体能动性和想象力

计算机科学中有个长期存在的争论，它围绕着这样一个问题，即计算机是否可以"创造"超出程序员预期的东西。这一争论可以追溯到数学家阿达·洛芙莱斯，她被视作历史上第一名计算机程序员。洛芙莱斯早在 19 世纪中叶就认识到，计算器不仅可以用来计算数字，还可以用来谱写乐曲、制作图像和推进科学[10]。虽然这个问题曾引发激烈辩论，但今天几乎没人会否认软件拥有超越程序员主体能动性的能力。事实上，由于现代软件系统的复杂性和神经网络操作的不透明性，程序员往往无法预测甚至无法理解软件的输出结果。软件不能被限制在程序员主体能动性的范围之内还有另外一个原因，即软件一旦"面世"，就要适应不同的平台，处于不同的环境，被不同的用户和群体接受，并在实实在在的交互中"表演"[11]。软件被应用或回收以实现特定目标，而这些目标与最初的计划往往非常不同。软件被纳入与其起源时迥然不同的社会文化环境，人们通过文化建构来描述、感知和呈现软件，而这些文化建构会随着时间的推移发生变化。

要想了解为什么一些看起来毫不起眼的软件程序往往会在意义解读上体现出十足的复杂性，最好的例子就是所谓的"守护进程"，即在后台运行和执行任务而不受用户直接干预的计算机程序。守护进程可以被嵌入系统或

环境，但总是独立于其他进程运行。一旦被激活，它们就会按照编码指令完成常规任务，或对特定情况和事件作出反应。守护进程与其他软件程序的重要区别是，它们不涉及与用户的交互。正如安德鲁·伦纳德所说："一个真正的守护进程可以自行行动。"[12] 守护进程承担着重要的任务，使操作系统、计算机网络和其他的软件基础设施能够顺利运行。使用电子邮件的用户可能遇到过无处不在的邮件系统守护进程，它响应着各种邮件问题，如发送失败、转发和邮箱空间不足。尽管人们不知道，但浏览网页也需要守护进程配合，以响应用户访问网络文档的请求[13]。

守护进程这个词的起源值得注意。在希腊神话中，"daemon"①是善恶参半的神性存在。它经常被描述为神灵和人类的居中者。这里的居中者是字面意思，即"介于两者之间的存在"。在 19 世纪的科学文献中，"daemon"这个词开始被用来描述在物理学等领域的思想实验中出现的虚构存在。这些虚构存在帮助科学家描绘了在现实实验环境中无法重现但与理论息息相关的情境[14]。"Daemon"中最著名的是英国科学家詹姆斯·克拉克·麦克斯韦在 1867 年进行的一次思想实验的主角。在这次实验中，麦克斯韦提出了违背热力学第二定律的可能性。根据费尔南多·科尔巴托这位通常被认为发明了计算机守护进程的科学家的说法："我们使用'daemon'这个词的灵感来自麦克斯韦的物理和热力学实验……麦克斯韦的'daemon'是一个想象中的行动者，它帮助分子以不同的速度进行分类，并在后台不知疲倦地工作。我们便突发奇想地开始使用'daemon'这个词来描述不知疲倦地执行系统杂务的后台进程。"[15]

在人机交互中，守护进程使计算机变得"透明"，因为它们留在后台执行工作任务，帮助界面和底层系统高效运转、无缝衔接。因此，守护进程通常被描述为仆人，不动声色地预测主人的意愿，并主动满足主人的需求[16]。然而，正如芬威克·麦凯尔维最近指出，守护进程从来都不只是仆人般的存在。鉴于它们的自主性及其在互联网等大型数字基础设施中扮演的角色，

———————————

① 现通常音译为"代蒙"，是一种介于神和人的精灵或妖魔。——译者注

它们应当被视为控制机制。"由于守护进程决定如何分配和使用有限的网络资源,它们的选择影响着各个网络的成败。它们看似保持了互联网的开放性和多样性,实则巧妙地分配着资源。"[17]

尽管守护进程在决定互联网和其他系统的形态方面发挥了关键作用,但人们仍不该认为守护进程拥有智能或个性。与其他软件程序一样,守护进程由一行行代码组成。在我们看来,正是它们自主行动的能力使其有别于文字处理器等软件。社会人类学家阿琼·阿帕杜赖和阿尔弗雷德·杰尔解释过何种情况下事物可以被视为社会能动主体。按此标准,守护进程也拥有主体能动性[18]。事实上,我们可以很轻易地观察到,人类总是倾向于认为物体或机器有意图心。例如,一个人会对出现故障的电视或电脑感到愤怒。然而,物体的社会主体性取决于其被嵌入社会结构的深度。包括软件在内的事物便是在这样的社会结构内流通和运行,并对后者造成不同的影响[19]。软件的运行会给物质世界带来客观存在的影响,但软件的主体能动性需要由诸如用户、程序员或设计师等人类主体来解释、规划和赋予。从这个意义上我们或许可以说,守护进程的主体能动性在机械层面上是客观的(因为它的运行带来了真实存在的影响),但在社会层面上是主观的(因为进行社会意义投射的总是人类主体)。

因此,要理解守护进程,不仅要看它们的物质影响,还要看它们在话语维度的生命力。换句话说,看软件是如何被人类用户主观地感知和呈现的。我们可以借用传记(biography)这个概念来理解。传记有两个截然不同的含义,其一便是描述一个人的一生。它从时间流逝的角度来理解人的一辈子。从字面的意思上说,这是被记录在案的人生历程。因此,为软件写传记需要考察其物质形成过程的偶然性,以及这一过程与社会进程、周边环境的纠缠。此外,传记还有另一个含义,即它是一种文学体裁,是一种或然的叙事形式,将历史人物和事件变成一个个故事,供人撰写、讲述和传播。即使未被书面记载,我们的生活也被加工为叙事话语,通过不同的渠道、体裁和方式传播。转化为叙事话语后,个人生活便有了新的意义,并体现出更深层面的东西。传记实际上具体地展现了一个人的性格、性情和技能,以及与其职业、主体能动性有关的更广泛的概念。在第二种意义上，为守护进程和其他软件作传，需要理解人们对软件的感知、描述和讨论如何演变。这些变化揭示了在软件的传记叙事中，所有被人类投射到软件身上的特征和属性[20]。

现在，我们通过"传记"这个词的两种含义来理解守护进程的起源。当费尔南多·科尔巴托领导的麻省理工学院的 MAC 项目组需要布置自动化例行程序来处理新分时系统的功能运作时，他们发明了拥有独特编程特性的守护进程。守护进程被设计成后台运行，在无需用户直接操作的情况下无缝管理系统中的关键任务。这些程序只在系统中执行相当简单和平凡的任务，但科尔巴托为其取名为"daemon"的举动暴露了他将某种人性投射于其上的倾向。别忘了在古代神话中，"daemon"被视作拥有意志、意图和沟通能力。有人可能会争辩说，科尔巴托拥有物理学背景，选择"daemon"的概念是因为它的科学隐喻，所以不可与希腊神话中的"daemon"相提并论。然而，连麦克斯韦（如前所述，他的热力学第二定律思想实验促成了物理学中"daemon"一词的引入）也曾抱怨，"daemon"的概念导致他思想实验的主体被人格化了。他指出，他本人并没有明确将思想实验的主角称为"daemon"，这一叫法是别人提出来的。他认为，比起拟人化的实体，更准确的称呼应该是自动开关或阀门[21]。因此，即使在物理学中，使用这个术语也将被质疑，因为这暴露出人们喜欢将主体能动性投射到思想实验中被想象出来的装置上。

在这一点上，科尔巴托的命名选择是一种投射行为，隐晦地赋予了守护进程某种程度上的意识和智能，即它们被理解为能够在现实世界中施展影响的代码。当我们查阅守护进程"传记"中更为广泛的故事脉络时，这个初始选择的意义就更明显了。正如安德鲁·伦纳德所说，很难严格地区分守护进程与后来出现在网络社区、聊天室和其他线上平台中的机器人，因为通常由守护进程承担的例行任务有时也会被这些具有聊天对话功能的机器人承担[22]。与守护进程一样，机器人也被用于维护系统运行，如过滤论坛中的垃圾邮件，在社交媒体上发布更新，以及维持聊天室的秩序。这种服务意识在许多守护进程和机器人身上都有体现，让我们不由得想起了亚马逊的

Alexa 等语音助手也常常展现出为家庭成员竭心尽力服务的姿态。

不过，守护进程与机器人的关键相似之处可能不在于它们做了什么，而在于它们如何被看待。守护进程与机器人的一个区别是，前者在后台"默默无闻"地工作，后者通常拥有与用户互动的能力[23]。然而，一旦进入以高度社会交换为特征的平台或环境，守护进程就难以保持隐形了。麦凯尔维指出，守护进程在线上平台活动所导致的后果引发了复杂的社会反应。例如，海盗湾(The Pirate Bay)网站上的反著作权团体不但惹恼了版权所有者，还惹恼了守护进程，因为它们的行为使得后者的秘密工作暴露在众人眼前[24]。另一点与机器人不同的是，守护进程不会通过语言与用户打交道。不过，正如它们的名字所示，守护进程依然会诱使用户和开发人员将它们视为能动主体。

守护进程的传记表明，在旁观者看来，即使没有明显的互动，软件也拥有社会生命。就像石头一样，计算机守护进程不会说话，但即使不涉及明确的交流行为，软件也能引出人们内心深处那与生俱来的、与技术他者(technological other)交流的欲望。或者，反过来说，引出人们对无法建立这种交流的恐惧[25]。曾经位于神和人之间的"daemon"，今天被悬置于用户和计算机那神秘的主体能动性之间，它自身的隐形性与它对物质现实那过于真实和可见的影响形成了鲜明对比[26]。就像幽灵一样，守护进程看起来很陌生，存在于另一个维度或世界，但它仍能让我们感觉到它就在附近。

历史悠久的对话树(又名"为什么电子游戏不喜欢聊天机器人")

诸如守护进程之类的隐藏例程能够刺激主体能动性的投射，但当软件允许计算机与用户进行实际的交互时，人工智能的社会生命将变得更明显，一个可系统观测到这一现象的软件应用便是电子游戏。

尽管电子游戏看起来很不严肃，又或许正因如此，它们为开发和试验人工智能的交互和交流维度构筑了绝妙的竞技场。图灵早在提出模仿游戏的概念时，甚至更早一些在他建议将国际象棋作为人工智能的潜在试验台时，就敏锐地感知到了这一点。在 1947 年伦敦数学学会的一次演讲中，图灵主张"必须允许机器与人类接触，这样它才能适应人类的标准。国际象棋可能非常适合这一目的，因为机器棋手的走位会自动提供这种接触机会"[27]。当时，图灵正在寻找可以为人工智能这一新兴学科做宣传的东西。在这方面，国际象棋是很好的选择，因为它使计算机和人类玩家在考验智力的比赛中处于同一处境。但是，图灵的话表明，他除了对展示人工智能的潜力感兴趣之外，更希望通过游戏为机器提供与人类接触的机会，因为"机器智能"的发展需要这种接触，以便机器适应人类。

在接下来的几十年里，电子游戏强化了计算机与人类之间的所谓"共生"，帮助了人工智能系统融入复杂的社交空间，滋养了人类用户与计算代理之间的互动形式，也滋养了人类与计算机之间的各类交互[28]。虽然开创性的电子游戏，如 1962 年上市的《太空大战！》(*Spacewar!*) 仍然只涉及人类玩家彼此之间的挑战，但计算机控制的角色也逐渐被引入某些游戏。使用自然语言对话成了可行选项。举例而言，冒险游戏（一种需要玩家在虚拟世界中完成任务的游戏）的玩家可能会发起与计算机控制的客栈老板的对话，并希望获得与任务有关的信息[29]。在人工智能与人机交流的关系史上，这类与虚拟人物的对话是极其有趣的案例。事实上，它们不仅涉及用户与人工主体的对话，而且还被融入游戏世界，具有自己的规则、叙事和社会结构。

不过，有趣的是，电子游戏很少使用 ELIZA 等聊天机器人使用的对话程序。相反，它们通常依赖于一种简单但非常有效（至少在游戏场景中非常有效）的编程技术——对话树(dialogue trees)。在这种形式的对话中，玩家不会直接输入他们控制的角色应该说的话，而是从游戏预设的台词列表中进行选择。每一句被玩家选择的台词都将激活计算机控制的角色的适当响应，直到某一句台词引发特定结果。例如，作为玩家的你如果选择了激怒对方的台词，就会受到攻击；如果选择另一句台词，对方可能会变成你的盟友[30]。

以 1990 年的图形冒险游戏《猴岛的秘密》(*The Secret of Monkey*

Island）为例，它在电子游戏史上堪称经典。在游戏中，控制着虚拟角色小盖的玩家必须通过三场试验才能实现成为海盗的梦想。第一场试验是与剑术大师卡拉决斗。在为了迎接挑战而做准备时，你会发现，在猴岛的世界里，剑术无关动作灵巧性和击剑技术，获胜的真正秘诀在于掌握侮辱的艺术，让对手措手不及。例如，在剑术比赛中，一名拳击手对你进行了这样的侮辱："我养过的一只狗都比你聪明。"通过选择正确的回答（"你所知道的一切都是它教的吧"），你便能在战斗中占据上风。相反，不恰当的回击反而会导致你处于不利地位。为了击败剑术大师，你需要与其他海盗打斗，学习新的侮辱话术和"反呛"技巧，以便在最后的战斗中使用（图 4.1）[31]。

图 4.1 《猴岛的秘密》中的斗剑对决（只有选择了正确的侮辱台词，玩家才能击败对手）

在《猴岛》系列游戏中，对话因此被设想为一场名副其实的人机决斗。这在某种程度上类似于图灵测试：为了赢得模仿游戏，计算机程序需要让人类审讯者相信它是人类。不过，与图灵测试相反的是，在《猴岛》游戏中，是人类模仿了计算机的语言，而不是计算机模仿人类的语言。将对话视为离散选项的层级排列时，对话树实际上模拟了软件编程的逻辑，即它们等同于编程中的决策树（decision trees）。决策树是一种常见的算法显示方式，以树的形式展现了决策条件和分类规则。在猴岛的"对话游戏"中，玩家通过掌控软件的符号逻辑击败由电脑控制的海盗：如果选择了正确的语句，则玩家获得优势；如果再次选择了正确的语句，则玩家获胜。

换句话说，对话树使用了计算机编程的语言，这种语言不仅传达意义，还能执行操作，在物质世界中造成实际后果[32]。这符合计算机科学领域长期存在的一种理论，即当自然语言被用来在计算机上执行任务时，其可被视作一种非常高级的编程语言[33]。尽管这一观点遭到了语言学家的批评，但在对话树等情境中，自然语言的确等同于编程语言，让用户在不会编程的情况下，仅使用日常语言就能与计算机交互[34]。在以文本为基础的电子游戏，如互动小说（最早起源于20世纪70年代的一种电子游戏）中，这种逻辑不仅关乎对话，还关乎对游戏世界的控制——语言是作用于游戏世界的主要工具，玩家使用口头命令和问询来操纵游戏环境，控制虚拟角色。例如，玩家输入"向南走"便可让角色在虚拟世界中朝南方移动。类似的情况也适用于语音助手，用户可以与语音助手进行简单的对话，但或许更重要的是，用户可以使用语言来让它们打电话、关灯或上网等。

然而，正如诺亚·沃德瑞普弗洛因观察到的，对话树最引人注目的一点是"它们呈现的错觉是如此之少，特别是与ELIZA这样的系统相比"[35]。事实上，对话树采用轮流发言的静态框架，这更让人想起桌面游戏（玩家轮流移动），而不是现实生活中的对话。此外，每个电脑角色只能响应有限数量的问询，这让对话显得十分死板，甚至过于可预测。令人惊讶的是，在某种程度上，如此僵化的框架依然能够对玩家产生巨大的影响，对话树的持久成功就证明了这一点。在游戏设计中，对话树仍然比聊天机器人更具优势。游戏学者乔纳森·莱萨德设计了许多使用聊天机器人的简单电子游戏来做实验，他推测这可能是因为对话树允许游戏设计师和游戏公司更好地控制游戏解说[36]。尽管这种说法有一定道理，但除非玩家（而不仅仅是游戏设计师）欣赏该游戏模式，否则对话树不可能在市场上拥有这样的韧性。

从这个角度来看，至少有两种额外解释。第一种解释与对话的可信度取决于交流的内容和语境有关。在为 ELIZA 编写程序时，维森鲍姆将对话建模为一组离散的话语交换，其中几乎没有上下文语境的作用。相比之下，对话树完全是关于语境的：一级级预设台词组成对话的层级结构，每个对话状态都位于该结构中的给定位置，玩家的选择将激活对话树上的特定分支。同时，这也意味着对话不可倒退（尽管可以循环回到对话树的主干）。因此，在对话树中，对话成为玩家完成任务的机制，即与玩家的任何其他动作一样，每个对话选择都是为了推动游戏任务的进展[37]。这种对任务类游戏普遍机制的延续有助于解释为什么对话树天然地适合冒险游戏或角色扮演游戏。毕竟，阅读文学小说时，读者之所以被书中的角色迷住，是因为他们沉浸在虚构的小说世界里，在特定的场景中参与角色的行动并与其他虚构人物互动[38]。这样的动态关系也适用于游戏。在那里，电脑角色的吸引力来自其与整个游戏世界及玩家体验的深度融合[39]。

第二种解释与玩游戏本身有关。即使在缺乏精心设计的互动的情况下，电脑角色依然能展现出令人信服的性格效应，这证明计算机游戏能够激发玩家的深度参与[40]。例如，《魔域帝国》（Zork）是互动小说游戏行业最早的商业实例之一，其中由计算机控制的小偷角色非常出名，即使它的人物塑造相当肤浅，与玩家互动的唯一方式是偷窃珍宝或偶尔发动攻击[41]。这是因为在电子游戏中，玩家喜欢与电脑角色互动的程度并不太取决于游戏中的互动和日常生活中的互动有多相似，而更多地取决于前者的趣味性[42]。如第三章所述，特克尔将 ELIZA 效应解读为人类面对人工智能时的自满情绪，即用户只询问 ELIZA 它能够回答的问题，以免暴露它的缺点[43]。有意或无意中，趣味性为用户提供了强烈的动机来这样做。它因此变成了角色塑造效果的增强器，刺激玩家主动补全电子游戏带来的错觉体验中的漏洞。人们只需看看流行文化的粉丝如何与社交媒体上的角色机器人互动，或者用户如何试图与 AI 语音助手开玩笑，就能发觉这种现象是如何在游戏之外的真实世界上演的[44]。

威廉·克劳瑟是 20 世纪 70 年代第一款基于文本的互动小说游戏《巨洞冒险》(*Adventure*)的创造者。据报道，最让克劳瑟满意的一点在于他开发的程序愚弄了人们，让人们以为它聪明到可以理解和使用英语。正如他的一位同事描述道："威尔对自己能够欺骗人们，让他们认为这款游戏背后有非常复杂的人工智能感到非常自豪。或者更准确地说，他觉得很好玩。"[45] 这一评论与维森鲍姆关于 ELIZA 的反思有一定相似之处，这值得注意。与维森鲍姆一样，克劳瑟也注意到，当计算系统处理和使用自然语言时，用户往往会夸大其熟练程度，即使系统本身相对简单[46]。这与维森鲍姆在 ELIZA 用户中发现的欺骗现象类似，即人类总是倾向于将能够操纵语言看作计算机拥有"智能"的证据，哪怕只是简单的操纵。

Microsoft Bob 及社交界面的不幸崛起

就庸常欺骗而言，人机交互可以被概念化为工具朝着"触达"人类用户的方向逐步发展，为适应人类的感知和认知能力而演化出计算机界面[47]。尽管这一演变过程绝非线性的，但界面设计师始终持之以恒地努力吸纳人类接收、处理和记忆信息的知识，以促进更有效的人机交互。网络系统的发展促使设计师认为，人类与计算机的每一次交互都是社交活动，应该在社会期望和社会理解的背景下被考虑。设计师越来越多地使用人们对社会世界的理解作为界面设计的框架，以期激活并利用用户对社会日常的熟悉感[48]。

在这种情况下，基于人工智能的自然语言处理软件的发展为设计师提供了开发真正与用户对话的界面的机会[49]。Alexa、Siri 和谷歌助手是这种方法的最新实例，但"社交界面"或"用户界面代理"的历史要长得多[50]。在20 世纪 90 年代中期，当时计算机领域的佼佼者微软公司为该领域的创新作出了重大努力。微软的第一个社交界面项目是 Microsoft Bob，一个基于动画人物的用户界面，于 1995 年 3 月推出，但仅一年后就停产了。

无论从哪个角度来看，Microsoft Bob 都是失败的。在计算机科学圈子里,它的地位类似于臭名昭著的电影导演艾德·伍德在影迷心中的地位,是一个严重错误的典型负面案例。正如一位科技记者所说:"想嘲笑一款科技产品纯属垃圾或彻底失败时,最有效的方式是什么?简单,将其与Microsoft Bob 相提并论就行了。"[51] 原本作为用户友好领域革命性创新和社交界面新范式推出的 Bob,遭到了来自评论家的尖锐批评和用户的拒绝——他们认为它居高临下,毫无用处[52]。不过,Bob 的失败并不影响它作为案例供人研究的价值。相反,正如科技史学家表明的那样,失败的技术往往是批判性思考的理想切入点,让我们可以鉴别技术发展史上的决定性转折和演变轨迹[53]。在个人计算机史上,Microsoft Bob 是一个非常有趣的案例:一家大公司借鉴社会科学的洞见开发了一款新产品,对界面设计的未来图景进行了充分想象。它华丽的失败为该领域的实践者提供了批判性思考的机会,让他们反思社交界面的好处和坏处。此外,在接下来 20 年里,其他社交界面的成功说明微软的项目并不是死胡同,更多是属于时运不济。其起点绝佳,但思路有误[54]。

在微软公司还是软件行业内无可争议的领导者时,Bob 登场了,被大张旗鼓地宣传为将给家庭计算带来革命性变化。它的 logo 是一张戴着沉重眼镜的笑脸,被印制在运动手表、棒球帽和 T 恤等营销产品中[55]。Bob 是一个集成的家庭计算应用程序合集,其界面借用了房屋的视觉隐喻,有各种房间和家具,用户可以通过它们访问应用程序和软件功能。它包括八个相互关联的程序,如电子邮件、日历、支票簿、通讯录和答题游戏等。为了拓展计算机的用户群体,它采用了卡通图形设计,有意识地针对儿童和非专业用户。

微软在新闻稿中强调,Bob 与任何传统软件都不同,因为用户将与 Bob进行"社交"互动。这是通过"个人向导"实现的。它在对话框中响应用户输入,并为用户提供"积极、智能的帮助"和"专家信息"。这些向导被呈现在模拟家庭空间的虚拟环境中,用户可以个性化地装饰房间,甚至可以根据个人品味改变窗外风景[56]。向导可以从 12 种生物中挑选,默认的情况下是一只名为"Rover"的狗,其他选择包括一只法国口音的猫、一只兔子、一只乌龟和一只闷闷不乐的老鼠[57]。当用户使用软件时,向导就坐在屏幕的角落里提供指导,偶尔还会表演一些把戏(图 4.2)。微软吹嘘的功能之一是,每位"个人向导"都有自己独特的个性。当用户选择向导时,属性说明中描述了它们的性格特点,如"外向的""友好的"或"热情的"[58]。尽管所有向导带来的实际体验非常相似,但个别对话的确是基于其个性设计的。

图 4.2 Microsoft Bob 的屏幕截图(右下角为向导小狗"Rover")

就像使用家庭空间作为隐喻一样,"Bob"这个名字据称是为了听起来"熟悉、平易近人和友好"[59]。然而,专家评论员和记者的反应一点也不友好,Bob 被描述为"令人尴尬的存在",并因其设计上的明显缺陷而受到批评[60]。例如,在虚拟房间中,一些物体可以让用户访问应用程序或某个功能。但是,另一些物品却毫无用处,甚至在被点击时还会弹出提示,说它们没有特定功能。这很难作为无痕设计的体现[61]。另一个常见的批评是,该界面提供了"间接管理",不仅允许用户访问,还代表用户执行操作。这被认为是有问题的,尤其是在 Microsoft Bob 提供的应用程序中包括家庭财务管理的情况下,这提出了谁来为最终的错误负责的问题[62]。

然而,可以说,Bob 失败的主要原因是其界面让用户感受到了侵扰。尽管它被明确地设计为促进社交行为,但它并没有遵守重要的社交规则和惯例,如轮流说话和个人空间。个人向导经常未经允许就弹出帮助信息,打断浏览体验。正如一位评论者所说:"Bob 取消了许多标准功能,用聊天信息轰炸用户,且并不见得让事情变得更容易。"[63] 此外,该程序的说教语气和个人向导设置让许多人感到恼火。Bob 上市后不久,一位名叫乔治·坎贝尔的程序员创造了一个 Bob 戏仿作品。在那里,向导们提供着"小段小段的冗长建议,它们主要是关于生活而非电脑的。比如,'听老人的话,你们也可能活那么长',或者'一个口渴的人不应该闻他的杯子'"[64]。

尽管后来招致了上述所有嘲笑,但 Bob 在当时看来并不可笑。它的概念来源可能是过去 30 年间人机交互研究最权威的社会科学视角,即"计算机是社会行动者"范式。该范式的奠基人克利夫·纳斯和巴伦·李维斯为微软提供了咨询服务,并参与了 Bob 的发布活动[65]。纳斯和李维斯的著名论断是,人们会将类似于日常生活中人际交往时应用的那些社会规则和期望应用到计算机和其他媒体上[66]。换句话说,在界面设计的复杂性问题上,他们的研究表明,无论是界面设计的每个组成部分,还是单条信息的表达方式,全都传达了社会意义。设计师有可能预测和引导这种意义的构建,建立起人机之间更有效、更有用的互动[67]。

纳斯在新闻稿和采访中对 Bob 给予了热情支持,强调 Bob 是对他和李维斯原始研究发现的自然发展:"我们的研究表明,无论程序类型为何,无论用户体验如何,人们以一种社会性的方式对待计算机。人们知道自己使用的是机器,但我们仍能看到他们下意识地对计算机表现出礼貌,施以社会偏见,并在许多其他方面将计算机当作人一样对待。微软的 Bob 让这种隐藏的交互浮出水面,从而让人类得以做自己最擅长的事,即表现出社会性。"[68]根据后来一份新闻稿的引用,李维斯也说道:"微软面临的问题是如何让计算产品更易于使用和更有趣。1992 年 12 月,克利夫与我进行了一次谈话,说他们应该让它变得社会化和自然化。我们说,人们善于建立社会关系,如相互交谈、解读面部表情等。人们还擅长处理自然环境,如房间内物体和人的移动。所以，如果一个界面可以与用户互动，利用人类的这些天赋，你可能就不需要操作手册了。"[69]

　　Microsoft Bob 及纳斯和李维斯的理论带领我们探索了一个相当有趣的问题，即理论如何与实践结合。一方面，纳斯和李维斯范式的惊人成就影响了人机交互领域一整代人的研究和实际工作；另一方面，Microsoft Bob 界面的惊人失败也正是受到了同一范式的启发。那么，我们该如何理解两者之间的关系呢？

　　或许，微软无法将纳斯和李维斯的见解转化为成功产品的关键在于纳斯的声明，即 Microsoft Bob 代表了一种野心——要将人机交互隐含的社会特征公之于众。然而，在纳斯和李维斯的研究中，人机交互的社会特征是隐含的、未被言明的，而不是被用户承认甚至欣赏的。正如他们在 Microsoft Bob 推出后不久出版的开创性著作《媒体等式》中展示的那样[70]。在后来的著作中，纳斯通过"无意识行为"的概念进一步完善了"计算机是社会行动者"范式。借用来自认知科学的无意识概念，他和他的合作者扬米·穆恩强调，尽管用户非常清楚计算机不是人，但他们仍然将计算机视为社会行为者。因此，从人机互动中衍生出来的社会惯例被无意识地应用了，"忽视了揭示计算机非社会性本质的线索"[71]。

　　因此，在纳斯和李维斯的理论工作中，计算机的社会性并不像 Microsoft Bob 那样是显性和狭隘的。从这个意义上讲，Bob 的侵扰性可能已经扰乱了人机之间基于想象的社会关系的无意识性本质。用人机交互史研究的话来说，Bob 的"显性"社会性公然违背了透明计算的逻辑[72]。在微软公司，负责 Bob 项目的团队此前开发过一个至今仍在使用的软件包——Microsoft Publisher。Publisher 于 1991 年推出，是第一个使用向导程序引导用户逐步完成复杂任务的微软应用程序。该团队认为，Bob 的社交界面设计理所应当地要在 Publisher 的基础上朝着目标更进一步，在大多数家庭仍然没有个人计算机的情况下，可以让新手更容易地操作软件[73]。然而，将 Publisher 向导程序的说教方法扩展到整个应用程序集是有问题的。当用户需要在 Publisher 中进行某些操作时，向导程序会介入，但 Bob 的个人向导却会不断地凸显自己，缺乏安静地消失和隐于后台的能力。向导要求用户将它们作为社会主体来认真对待，拒绝像其他计算机界面一样在隐藏与揭示、出现与消失之间掌握微妙平衡[74]。如果说界面总是在某种程度上制造错觉，那么 Bob 对纳斯和李维斯想法的实现方式使其成了一个永远不会掩饰错觉，反而总是向用户袒露它的界面[75]。

Alexa 的家谱

在 YouTube 上搜索 Alexa，可以找到大量用户自制的与"她"对话的视频。其中，有不少视频都围绕着来自 Alexa 的搞笑或"奇葩"回复展开。例如，有人套用著名电影《星球大战》(Star Wars)中达斯·维达对年轻的英雄卢克·天行者说的那句台词："我是你的父亲。"在 YouTube 上的视频片段中，Alexa 用显然是亚马逊开发人员预设的、与电影一样的台词回复道："不！！！不是这样的，那是不可能的。"[76]

尽管 Alexa 拒绝接受用户强加的父子关系，但 Alexa、Siri、谷歌助手和其他现代语音助手都有不止一个"父亲"和"母亲"。本章追踪了其中十分关键的三位：守护进程、电子游戏和社交界面。人工智能史通常没有清楚地界定哪些技术可被视为当今对话式人工智能（如语音助手）的先祖。从技术上讲，语音助手是至少两个人工智能主要领域长期发展的结果：一是自然语言处理，二是自动化的语音识别和生成。一方面，自然语言处理技术使我们得到了分析和处理人类语言的程序，可以完成语音解释和文本生成，开发出如聊天机器人和翻译软件这样的工具[77]；另一方面，自动化的语音识别和生成技术赋予了计算机处理、分析和再现口头语言的能力。然而，语音助手的家谱要复杂得多。正如露西·萨奇曼告诉我们的那样，每一种形式的人机交互都饱含社会意味，所以家谱内也包含实用的或平平无奇的软件应用。正是通过这些应用，人工智能逐步发展并拥有了技术、社会和文化意味[78]。

本章考察的三个案例提供了不一样的切入点，帮助我们审视社会主体性如何通过一种微妙又矛盾的机制被投射到 AI 身上。天生默默无闻、深藏不露的计算机守护进程证明了自主行动将会导致主体能动性和人性的投射。尽管守护进程执行的都是例行操作，但它的名称和关于它的"传记"将计算机器定位在有生命实体和无生命实体之间的模糊区域。

电子游戏在人工智能演变史中的作用经常被忽视，但游戏的娱乐属性使我们可以对人机交互的新形式进行既安全又有创意的新探索，如与 AI 主体或电脑角色对话。与电子游戏一样，现在人们与语音助手的互动也引发并鼓励了娱乐性的参与行为，安全而无风险地探索了人类与机器之间的边界。研究对话树的使用有助于我们理解娱乐性在人类与对话式人工智能的交互中发挥了何种作用，这些交互带来的愉悦感有一部分是源于一种错觉体验，即我们与非人类主体进行的对话也可以很可信。

最后，Microsoft Bob 作为社交界面的失败案例，让我们得以反思是什么让人工智能界面以一种不具威胁性的形式融入我们的家庭环境和日常生活。微软试图彰显我们与计算机互动时具有的社会性，结果适得其反，Bob 的个人向导被认为侵扰性太强、令人讨厌。这与今天语音界面的保守表现形成了鲜明对比。语音界面总是默默地隐于后台，（看似）陷入沉睡，直到被唤醒词激活（图 4.3）。

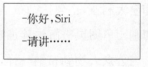

图 4.3　作者与 Siri 的对话（2019 年 12 月 12 日）

第五章　如何创造机器人:勒布纳奖竞赛中的编程欺骗

美国企业家休·勒布纳是一个颇具争议的人物。作为六项专利的持有者和剧院设备制造商"皇冠工业"的所有者,他因直言不讳地支持卖淫和在寻找人工智能的过程中扮演的角色而成为头条新闻。20世纪80年代末,勒布纳对图灵测试应该变成一场比赛的想法感到兴奋,于是他最终决定资助这项事业。他与认知心理学家、剑桥行为研究中心主任罗伯特·爱泼斯坦合作,将自己的梦想变成了现实。第一届大赛于1991年举行,被称为勒布纳奖。从那时起,这项比赛每年都会举办,已去过全球多个地区,包括英国和澳大利亚,也包括勒布纳位于纽约市的公寓及第二次世界大战期间布莱切利园里图灵破解纳粹加密信息的场所。

与公众人物勒布纳一样,勒布纳奖也一直备受争议。虽然它的支持者热情地将其描述为"探询思考型机器"的一部分,但许多人对这项竞赛提出了尖锐的批评,认为它没有提供一个恰当的环境来评估人工智能领域的尖端技术成就[1]。批评者指出,这项比赛只衡量对话环境中机器的语言熟练程度,但这只是人工智能应用程序的小众领域。而且,即便在这一特定领域,比赛也不能反映最先进的技术[2]。他们指出,比赛并没有提高人们对人工智能学科的理解。相反,它大力炒作噱头,助长了对人工智能实际意义进行歪曲的误导性观点[3]。他们还颇具说服力地主张,计算机程序能否在勒布纳奖上取得成功,很大程度上取决于它们能否利用人类易犯错误的特点,找到捷径和技巧来实现理想结果，即愚弄人们，让他们相信某个机器人其实是人类[4]。

虽然我同意这样的批评，但我也认为在另一方面，正是因为勒布纳奖作为技术能力评估指标的意义不大，才使得它成为帮助我们从不同角度理解人工智能的极佳案例。正如我所展示的，当人工智能系统与人类进行互动时，它们将无法被从双方共享的社会空间中分离出去。人类需要被包括在这个等式中，因为只有理解了人们如何感知人工智能的行为并作出反应等问题，才能理解对话式人工智能。在这个方面，勒布纳奖提供了一个非同寻常的环境，检验和反思了人类在欺骗关系中应负的责任，以及这种责任对人工智能领域的启示意义。本章通过对比赛历史的回顾，论证了它是人工智能欺骗人类能力的试验场，也是突显计算技术潜力和矛盾的奇观。尽管该奖项没有为人工智能提供任何权威的甚至哪怕只是科学上站得住脚的评估，但在近 30 年的比赛中，评委、人类和程序之间的互动交流本身便是一份无价的档案。它阐明了对话机器人是如何被设计来欺骗人类，以及人类是如何回应程序员的欺骗策略的。

节目继续：进行图灵测试

图灵测试起初并非真正的"测试"。1950 年，当图灵提出这项测试时，他将其设想为一种思维实验，一种让人们意识到计算机潜力的挑衅。在接下来的几十年里，他的提议在心理学、计算机科学和心灵哲学等领域激发了热烈的、理论化的讨论，但几乎没有人试图将其付诸实践。那么，为什么在 20 世纪 90 年代初，会有人决定基于图灵测试来组织一场真正的公开竞赛呢？

技术进步似乎是一个很有说服力的答案。这意味着，在 20 世纪 90 年代初，人工智能终于达到了足够复杂和熟练的程度，值得进行图灵测试了。然而，这一假设只能让人部分地信服。尽管新一代自然语言处理程序滋养了生成语法理论的发展，但自 ELIZA 和 PARRY 之后，聊天机器人类型的对话式智能助手并没有急剧进化[5]。事实上,即使是第一届勒布纳奖竞赛的组织者也没有期望计算机能够展露出哪怕一丁点通过图灵测试的迹象[6]。此外,计算机的实际性能几乎没有什么明显的技术进步。正如几位评论员指出,参赛者只是继续使用着近 30 年前的 ELIZA 项目开创的技术和技巧[7]。

组织勒布纳奖竞赛的原因可能不在于技术,而在于文化[8]。当爱泼斯坦与勒布纳合作,试图将图灵的思想实验转化为实际竞赛时,个人计算机和互联网的发展为实现这一目标创造了理想条件。当时的人们已经习惯了计算机和数字技术,即使是聊天机器人和人工智能角色对于互联网用户和电子游戏玩家来说也并不陌生。近 20 年的幻灭和人工智能"寒冬"为重启"会思考的机器"这一神话提供了肥沃的土壤。

在公众对计算机高涨的热情中,围绕着"数字革命"概念的强有力的叙事话语出现了。这一切都离不开热情的推动者,如在 1985 年创办了麻省理工学院媒体实验室的尼古拉斯·尼葛洛庞帝,也离不开催化剂,如问世于 1993 年的流行杂志《连线》[9](Wired)。

作为这种热情的一部分,计算机不仅登上了勒布纳奖的中心舞台,还登上了好几场人机对抗比赛的中心舞台。在 20 世纪 90 年代,包括国际象棋和广受欢迎的智力竞赛节目在内,计算机程序在多种公开比赛中与人类对抗,引起了公众和媒体的注意[10]。从这个意义上说,爱泼斯坦与勒布纳的合作并非巧合。前者是一名熟练的科普人员,后者是一家剧院设备专卖公司的老板。勒布纳奖首先是一场公众传播和公众表演。正如玛格丽特·博登所说:"(它)更多的是宣传,而不是科学。"[11] 这与图灵本人的意图并不完全矛盾。正如第一章提到的,实际上图灵本就打算把自己的提议作为一种提高新型数字计算机地位的"宣传"[12]。从这个意义上说,勒布纳奖将吸引公众作为主要目的,将科学贡献排在次要位置,是完全恰当的。

1991 年 11 月 8 日,波士顿计算机博物馆主办了勒布纳奖的首次竞赛。博物馆的执行主任奥利弗·斯特里姆佩尔向《纽约时报》解释说,这次活动实现了博物馆的一个核心目标,即"回答'所以呢?'(So what?)这个问题,也就是解释计算机对现代社会的影响"。他还明确承认了勒布纳奖与其他人工智能竞赛之间的连续性，并指出博物馆希望再组织一场"人机对决"，即世界级国际象棋大师和最先进的国际象棋计算机之间的比赛[13]。

由于图灵的原始提议很模糊，活动筹备组委会不得不自己决定如何解读和实施图灵测试。他们决定，评委将根据交流对象的类人程度对所有参赛者（包括计算机和人类）进行排名。如果某台计算机的中位数排名等于或超过了某个人类的中位数排名，则视该计算机通过了图灵测试。此外，评委将具体说明他们认为每个终端是由人类还是由计算机控制的。全部评委都将从普通公众中选出。所谓的"同伙"，即那些与计算机程序混在一起，与评委进行单盲对话的参赛者，也将这样选出。

另一条重要规则与对话主题有关，即测试范围被限定在每位参赛者自行拟定的特定主题。爱泼斯坦承认，这条于 1995 年废除的规则目的在于"保护计算机"，因为计算机"在这一点上太无能，无法愚弄人类很长时间"[14]。其他的规则也是对计算机有利的。例如，通过报纸广告招募评委，并筛选出其中对计算机科学知之甚少或一无所知的那些人，从而为聊天机器人及其程序员创造优势[15]。

对于一场旨在衡量人工智能进步水平的竞赛来说，设置这么多偏袒程序员、损害程序中立性的规章制度似乎有点奇怪。不过，只要人们承认勒布纳奖竞赛与其说是一种科学研究，不如说是一种奇观，那么这些选择就是合理的。就像体育赛事的组织者需要运动员保持最佳状态来参加比赛一样，勒布纳奖组委会也需要计算机成为强大的参赛者，所以决定简化它们的任务[16]。这种试图增加竞赛可看性的做法也解释了为什么组委会每年会选出一台计算机颁发铜牌①和现金奖励。根据评委的说法，展示出"最人性化"的

---

① 勒布纳奖设置了金银铜牌三级奖励。其中，金牌为全场大奖，颁发给在加入画面和语音元素的情况下依然能够通过图灵测试的程序，只有在文字聊天中能骗过至少一半评委的程序才有资格角逐金牌；银牌为图灵测试大奖，颁发给通过了图灵测试，即被评委错认为人类的程序；铜牌为年度大奖，每年颁发，授予当年表现最好的程序。到目前为止，尚未有程序获得金牌和银牌。参见 David M. W. Powers, "The Total Turing Test and the Loebner Prize," in D. M. W. Powers (ed.), *NeMLaP3/CoNLL98 Workshop on Human Computer Conversation*, ACL, 1998, pp. 279 - 280。——译者注

对话行为的计算机程序将获得此奖励——哪怕它没有通过图灵测试。铜牌不仅是为了激发参赛者的动力，也是对于勒布纳奖奇观属性的又一次让步。毕竟，比赛就该拥有获胜者，这才符合记者和观众对公开竞赛的认知[17]。

向公众展示科技奇迹有着悠久的历史传统。在计算机史上，以机器和人类为主角的公开决斗，如人类冠军和计算机程序之间的国际象棋比赛，经常把既普通又隐形的机器运作原理变成轰动全球的大事件[18]。在18世纪和19世纪时，震惊了观察者的机器人国际象棋棋手也正是利用了"机器与人类对抗"这一元素的吸引力，实现了马克·萨斯曼所谓的"创造信念的技术戏剧"[19]。忠于这一传统，勒布纳奖竞赛也被筹划为一场奇观，它在坐满观众的大礼堂内现场举行。戴着无线麦克风的主持人在礼堂里漫步，采访参赛者，评论他们用于竞赛的聊天机器人，而观众可以在屏幕终端关注评委与参赛者的对话。新闻报道不断渲染这一壮观场面，称第一次比赛"非常有趣"，是一场"盛大表演"[20]。

组委会花了大量精力来面向媒体宣传这项比赛。他们策划了强有力的新闻宣传活动，在大西洋两岸好几份阅读量最大的报纸上刊登了文章，再三强调比赛日期[21]。在制定比赛规则时，组委会数次提到需要让记者很容易就能理解比赛[22]。正如作为委员之一的哈佛大学计算机科学家斯图尔特·谢伯所说："为了适应媒体的截稿日期，每位评委与每位参赛者交谈的时间从约15分钟减少到约7分钟。"[23] 比赛结束后，仅《纽约时报》就刊登了三篇文章，其中包括比赛后第二天的头版头条。爱泼斯坦夸口说，由于媒体对这一事件的大力报道，获胜者获得了价值100万美元的免费广告[24]。

关于技术的叙事在公共领域流通和传播时往往遵循既定模式，在一次次的重复叙述中流传开来[25]。这一过程被布鲁诺·拉图尔描述为叙事的"巴氏杀菌"，即通过消除不符合主导叙事的"多余"元素，制造出一个更连贯、更稳定的叙事话语，就像在食品的巴氏杀菌流程中消灭细菌一样[26]。阅读媒体对勒布纳奖竞赛的早期报道时，我们很容易就能发现这样的叙事脚本。该脚本描绘道，即使目前没有计算机能够通过图灵测试，我们也可以看到计算机取得了令人鼓舞的巨大成功，这意味着在未来，计算机很可能通过测试,变得与人类难以区分[27]。这种脚本符合人工智能可以创造神话的总体叙事框架,从很早以前开始,就有人根据人工智能现阶段的部分成就渲染说它们总有一天可以接近人类水平,改变人类和社会世界的定义[28]。与之相反的叙事逻辑,即认为人工智能不过是骗术而已,也出现在对该奖项的批评报道中。因此,对该奖项的报道可谓延续了科技新闻中长期存在的"要么热情,要么批判"的二元叙事风格。这种风格可以说是整个人工智能发展历史的显著特征[29]。

相比之下,公开报道几乎没有讨论勒布纳奖在比赛程序上的有意设计到底意味着什么,因为这不符合围绕着人工智能的经典争议。媒体往往将重点放在计算机身上,即它们能够做什么,以及在多大程度上可以被认为是"智能的"。然而,参与竞赛的人类选手却很少被关注。这很不幸,因为正如第一章所示,图灵测试既是关于计算机的,也是关于人类的。但是,只有少数报纸文章提到,在比赛中,不仅计算机被评判像不像人类,人类也经常被评判像不像计算机。例如,在第一次比赛中,有一位人类选手给评委留下了深刻印象,被认为是"所有(人类)选手中最有人类特点的",但他在比赛中仍被多达两名评委认为是计算机[30]。类似的事情在接下来的几年里持续发生,让组委会决定设置"最具人性者"名誉奖项,每年颁发给一位人类选手[31]。

如果说评委难以判断人类选手是不是人听上去有些不可思议,那你应该记住,并非所有人类间的沟通都符合普遍意义上的"人类标准"。想想那些高度形式化①的人际互动吧,如与电话接线员的交流,或是电报员那标准化的、后来被自动化机械取代了的操作[32]。即使在日常生活中,我们也常将不断重复某些句子或说话时缺少感情的人形容为"像机器一样"。举个最近的例子,当英国首相特蕾莎·梅在 2017 年的选举活动中表现不佳时,报纸和社交媒体用户开始称她为"机器人梅"("Maybot")。通过将她比作机器人,记者和公众讽刺了她无趣且重复的沟通风格,以及公开露面时一板一眼

---

① 形式化是逻辑学和计算机科学术语,一般指使用严格的符号语言(如数学)来表述某一概念、命题和推理。——译者注

的沉闷形象[33]。

在交流受到限制或高度形式化的情况下,我们更能感觉到有些交流是"机械的"。大型超市顾客与收银员之间的大多数交流都是重复的,这就是这份工作为什么会比心理治疗的工作更快、更高效地被机器替代。然而,收银员与顾客的对话有时会超出通常的范畴,如讲了个笑话或分享了自己的产品使用体验——这些交谈更能让人感觉到"人性"。因此,为了使评委相信自己是血肉之躯,无论是计算机还是人类选手都应该瞄准这种交谈方式[34]。

这导致在勒布纳奖竞赛的严格限制范围内,人类和计算机实际上可以互换。这并不意味着计算机"是"或"表现得像"人类,而指在更微妙的层次上,在只能通过计算机屏幕进行 7 分钟书面交流的情况下,计算机选手会否被当成人类的关键在于其能否熟练地进行"模仿游戏"。

布莱恩·克里斯汀以人类选手的身份参加了 2009 年勒布纳奖竞赛,并依据自身经历写了一本引人深思的书。他说,组织者告诉他要"做自己",但事实上,为了让评委认为自己是人类,选手们不仅要做自己,还要使用能让评委觉得"像人类"的对话模式。因此,克里斯汀决定忽视组织者的建议。为了找到有效的策略,他不断思考到底哪些因素可能影响评委的决定。在图灵测试的背景下,一个人如何表现得"像人类"呢?人类选手应采取什么策略,计算机又应如何被编程,以最大限度地提高通过测试的可能性呢?为了回答这些问题,克里斯汀不仅研究了过去几年勒布纳奖竞赛的文本记录,还反思了哪些行为会被视作"机械的",哪些行为又会被视作真实的和"像人类的"。他赢得了 2009 年的"最具人性者"荣誉。也就是说,评委们认为他的可信度最高[35]。可见,经过适当的准备后,克里斯汀成了"模仿游戏"的最佳玩家。

勒布纳奖的评委们也想了不少办法来更有效地实践评委职责。例如,有些人故意模糊发音或错误拼写,或者多次询问同一个问题,以查看谈话对象能否像人类那样应对重复[36]。然而,这些小把戏并不能长久奏效,很快便会有聪明的程序员识别出它们,并添加相应的代码予以纠正。事实上,与人类选手和评委一样，程序员们也在不断的尝试中制定出自己的策略，使机器成为勒布纳奖最有力的竞争者。

编码欺骗

评论 1991 年首届勒布纳奖比赛结果时，爱泼斯坦并不完全认同获胜者约瑟夫·温特劳布及其聊天机器人"PC 治疗师"（PC Therapist）。该程序明显胜过了所有竞争对手，尽管它未能通过图灵测试。问题出在它达成这一结果的方式。"不幸的是，"爱泼斯坦指出，"它可能是因为错误的原因才获胜的。"[37] 它的秘密武器在于选择了"异想天开的对话"这个主题。根据这个剧本，PC 治疗师模拟了一个非常特殊的职业角色——小丑。这被证明是非常明智的，因为哪怕该程序表现出相当古怪的行为，十位评委中仍有五位判定其为人类。对于一些评委来说，小丑给出令人费解的回应或表现得前言不搭后语是完全合乎逻辑的。正如斯图尔特·谢伯评论道："温特劳布的策略巧妙地避开了竞争规则。他发现了一个漏洞，并优雅地充分利用了它。我个人认为，他完全配得上胜利。"[38]

温特劳布并不是唯一的骗子。事实上，聊天机器人的开发人员从一开始就明白，要通过图灵测试的话，计算机不需要"智能"，只需要伪造智能。正如特克尔指出，大多数成功通过图灵测试的计算机都"没有试图模拟人类智能，而是专注于编写程序来使用各种'技巧'，以便显得像人"[39]。例如，开发人员发现，如果程序不仅模仿了人类的技能和能力，还模仿了他们的缺点的话，就会更具可信度。一个很好的例子是计算机响应用户输入时所需的时间。由于现代计算机的计算能力很强，最先进的聊天机器人可以在几分之一秒内作出回复。理论上，如此快速的回答应该被视作技术和"智能"的证据。然而，由于人类并不可能这样迅速，所以聊天机器人经常被设计为需要花费更多的时间来回答问题。程序员们因此计算了人类输入单词所需的平均时间，并相应地调整了聊天机器人的速度[40]。

还有一个例子是拼写错误。由于人们经常会出错，这些错误也被视为人性的证据。因此，如果计算机选手偶尔打错字，或在写作上表现出不一致，那它便会显得更加可信[41]。这是相当讽刺的，因为勒布纳奖曾承诺要犒劳技术最精湛的程序。事实上，据报道，在为 1991 年的竞赛做准备时，组委会为是否应该允许参赛者模拟人类的打字错误，以及信息应一次性发送还是逐个字符发送而苦恼了数月。他们最终决定把所有的可能性都留给参赛者，以便这个变量成为程序员可以利用的一个"技巧"[42]。

常见的技巧包括承认无知、询问"你为什么要问这个？"来转移话题、或利用幽默使程序看起来更真实[43]。有些人，如凭借名为"交谈"（CONVERSE）的聊天机器人赢得 1997 年比赛的团队成员，发现评论最近的新闻将有利于提高评委的真实性感知[44]。程序员在竞赛中制定的许多策略都基于对评委如何作出判断的了解。例如，参赛者杰森·哈钦斯在一份名为《如何通过作弊完胜图灵测试》（How to Pass the Turing Test by Cheating）的报告文章中解释说，他查看了过去的比赛日志，确定了评委可能会问的一系列问题。例如，他意识到可信的聊天机器人从不重复说话，因为这在之前的比赛中是最严重的扣分项[45]。

勒布纳奖不仅允许欺骗，还可以说就是围绕着欺骗举行的。这很好地解释了程序员为了赢得勒布纳奖而采用的海量技巧。每一次互动都以愚弄人为目的，即开发计算机程序是为了让评委相信它们是人类。评委选择以问问题的方式揭穿它们，人类选手使用各种策略使自己的人类本质凸显。在这个意义上，回到第一章中提到的对比双方，勒布纳奖竞赛看起来就像一个降神会，狡诈的灵媒使用诡计来欺骗参与者，而怀疑论者则用自己的手段和策略来揭露灵媒的欺骗[46]。这种设置与科学研究的条件形成了鲜明对比。正如知觉心理学家和早期电影理论家雨果·明斯特伯格指出，"如果有一名教科学的教授在和学生一起工作时，却需要当心学生的恶作剧或鬼把戏，那他将完全感到迷失"[47]。但是，这种设置也不同于大多数形式的人机交互。虽然勒布纳奖的评委们期望他们的聊天对象是模拟人类的计算机，但在许多网络平台上，人们的默认期望是每个聊天对象都是人类[48]。

然而，这并不意味着勒布纳奖展示的欺骗形式与其他人机沟通的情境毫不相关。计算机历史上充斥着像首届勒布纳奖得主一般，被设计为拥有不可预测甚至病态化个性的聊天机器人。例如，都柏林大学学院的学生马克·汉弗莱斯于 1987 年开发的聊天机器人"由于亵渎用户、咄咄逼人、对用户进行色情提问"和在回答时坚称用户都是骗子而取得了成功。汉弗莱斯的聊天机器人可以被视作 ELIZA 的翻版，但与维森鲍姆的创造相反，它没有被设计为富有同情心的，反而含有"某种不可预测的，甚至有点可怕的精神状态"[49]。例如，对于任何以"你……（任意 y 字单词）"开头的无害陈述，聊天机器人会从下列回复中挑选一句作为回答：

> 我并不(y 字单词)，你侮辱我。
>
> 是的，我曾经(y 字单词)。
>
> 好吧，我的确(y 字单词)，那又怎样，我犯罪了吗？
>
> 我知道我(y 字单词)，别哪壶不开提哪壶
>
> 我很高兴我(y 字单词)
>
> 如果你很高兴变得(y 字单词)，就大声歌唱吧；如果这让你开心，就大声歌唱吧
>
> 所以你认为我(y 字单词)，好吧，我真的完全不在乎[50]

　　1989 年，汉弗莱斯将这个命名为 MGonz 的程序投放到联网前的英特网上，并增加了一点惊奇元素，即与勒布纳奖的竞赛场景不同，大多数用户并没有想到他们竟能与计算机聊天，这使得用户更有可能相信自己正在与人类交谈。

　　从这个意义上说，勒布纳奖提醒人们，以计算机为媒介的交流本就对欺骗开放。在线环境具有的一个特征就是由虚拟形象、匿名性和假名使用构成的复杂身份扮演。正如特克尔所说，"虽然有些人认为将自己装扮成其他样子是一种欺骗，但许多人恰恰就想以这种方式享受网络生活"[51]。MGonz在前网络时代的经历也预兆了近年来持续激增的网络暴力和恶意攻击。最近，记者伊恩·莱斯利在讽刺唐纳德·特朗普可能是第一位聊天机器人总

统时,引用了 MGonz 的经历,因为"一些最厉害的聊天机器人会使用毫无意义、与上下文无关的攻击来遮掩自己有限的理解能力"[52]。

勒布纳奖和网络空间之间的延续性在一个涉及爱泼斯坦的讽刺事件中显现了出来。当爱泼斯坦与一个他以为是来自俄罗斯的女性网友进行了数月的电子邮件往来后,他本人也成了这个离奇的网络诈骗案的受害者。结果证明,对方实际上是机器人,它采用了类似于勒布纳奖参赛者的技巧把戏,以英语是自己的第二语言为由隐藏了自身的不完美之处[53]。正如弗洛里安·穆勒强调:"如今最成功的聊天程序经常通过降低聊天对象的期望值来欺骗对方,假扮人类。在这个例子中,它是冒充了一个英语写作能力较差的人。"[54] 如今,社交媒体机器人已经开始利用一些由勒布纳奖参赛选手构思和开发的策略来假扮人类。从这个意义上说,这个旨在开发智能机器的竞赛已经变成了测试人类面对聊天机器时的轻信程度的试验台。

事实上,对该奖项的一个普遍批评是,由于它太过依赖技巧,参赛程序在技术水平上没有取得重大进展,所以不能被视为最尖端的人工智能[55]。不过,相对较低的技术创新水平反而使得这些程序在欺骗评委方面取得的反复成功更加引人注目。像"PC 治疗师"和"交谈"这样的简单系统为何会如此成功? 其中的一个答案便是人们很容易受骗。这是骗子、灵媒和像巴纳姆①那样的娱乐表演家都知道的事[56]。正如爱泼斯坦承认道:"与告诉我们计算机有多失败相比,这场比赛同样,甚至在更大程度上,告诉了我们人类作为评委有多么的失败。"[57]

然而,仅仅满足于"人们容易上当受骗"这样的简单断言,而不深入人机交互的特定情境探索其复杂性的话,便可能忽略勒布纳奖真正告诉我们的东西。在寻找更细致的答案时,人们可以考虑萨奇曼关于语言"适居性"(habitability)问题的讨论,即"当一个计算机系统展示了基本的语言能力后,人类用户会倾向于认为它同样具有复杂的语言能力"[58]。这可能与日常生活中人与人交流时被不断验证的经验有关,即掌握语言的人确实具备这

---

① 巴纳姆(P. T. Barnum)是 19 世纪美国的传奇人物,被誉为"马戏之王"。——译者注

种能力。直到人工智能诞生，能够掌握语言的主体几乎只有人类自己，所以与其他人类的交流是人类唯一拥有的语言互动经验。这有助于解释为什么人机交互的研究会发现，用户在与使用自然语言进行沟通的机器交互时，会不自觉地展现出社会行为[59]。类似的事情也发生在使用自然语言记录和传输信息的通信技术上。虽然媒介化拉开了发送者与接收者的距离，但人们很容易代入人际交流时常用的解释框架，如同理心和情感性[60]。

尽管大多数媒介理论学家都不知道这件事，但艺术历史学家恩斯特·贡布里希的《艺术与错觉》(Art and Illusion)可谓媒体理论杰作。贡布里希提供了一个看待此问题的有趣视角，即"艺术的错觉以再认为前提"。他以画月亮为例，指出观众认出月亮的能力与月亮的外观几乎没有什么关系，主要是因为观众知道月亮的画像长什么样子。他们因此猜对了这是月亮，而不是奶酪或水果。我们的视觉习惯更倾向于再认，而非找出画中的月亮与"自然"的月亮在外观上的对应关系[61]。从这个角度来看人工智能，使用语言可视为一种促进再认的手段，使人猜测自己正与智能对象进行交流。

在社会学思想中，皮埃尔·布尔迪厄的惯习概念描述了个人感知社会世界并作出反应的一套习惯倾向。惯习的关键在于允许个人基于以往的经验来理解新的情境。在通过自然语言进行人机交互的情况下，以往的语言交互惯习影响了个体以书面或口语形式与计算机进行交流的新经历[62]。然而，研究也表明，如果机器没有在随后的互动中满足用户预期，那么他们可能会推翻机器拥有社交性的最初判断。正如蒂莫西·比克莫尔和罗莎琳德·皮卡德指出："虽然让用户欣然答应与某主体进行社交对话是件容易的事，但让该主体长时间扮演人类，维系住用户的错觉，是一项极具挑战性的任务。"[63] 这可能表明，用自然语言进行的交流行为有助于激活用户在之前的人际互动中建立起来的惯习。如果人工智能无法响应那些人类社会化后习得的语言惯例和社交惯例的话，这种"再认效应"（套用贡布里希的话）很快就会消失。

在勒布纳奖竞赛中观察这种动态的演变非常有趣。在竞赛中，计算机程序使用自然语言引发再认效应，在给定的时间内维系这一错觉的能力成为其排名依据。计算机的这种能力会受程序内部功能、评委惯习和勒布纳奖竞赛规则的综合影响。我之前提到勒布纳奖组委会对图灵测试的某些阐释是为了给程序员制造优势，但其实我们甚至可以说，图灵测试本身在很大程度上就是为了保护再认效应不受挑战。对话时间短、只能通过纯文本界面交流等元素都是为了限制用户的体验范围，从而使计算机的任务更容易完成。所有这些限制都降低了沟通过程对再认效应和计算机人性错觉的磨损[64]。

程序员也使用了很多技巧来限制对话的范围，以降低计算机违反语言惯例和社交惯例的可能性。例如，"突发奇想"和"胡说八道"之类的对话技巧可以帮助机器绕过那些无法充分处理的话题，避免用户深究。1995 年，勒布纳奖竞赛取消了对会话主题的限制，但这并没有降低这一策略的重要性。相反，胡说八道和无厘头的回答变得更重要了，有助于屏蔽可能危及再认效应的用户问询[65]。更准确地说，勒布纳奖参赛者需要努力的地方不是创造一种错觉，而是保持住它。这就是为什么最成功的聊天机器人选择了"戒备性"的对话策略，即使用技巧和捷径来限制评委的问询范围，而不是配合问询[66]。这条路径也影响了参赛程序员为聊天机器人编程的方式，他们开始尝试利用"性格"效应和"角色"效应。

在勒布纳奖竞赛中给予生命：角色化、性格化与性别化

1994 年勒布纳奖的获得者是一个名为 TIPS 的系统。它的创造者程序员托马斯·惠伦比前任获奖者（如 PC 治疗师的开发者）更为雄心勃勃。惠伦的目标不是用胡说八道或"无厘头"回答来迷惑评委，而是要为他的聊天机器人植入一个简单的人类模型，包含性格、个人经历和世界观。为了限制对话范围，他决定选择一个世界观有限的男性角色：他不看书、不看报，因为在晚间工作而无法看黄金时段的电视节目。惠伦还编写了一个故事，逐渐向评委们揭开 TIPS 的人物形象："他"是东安大略大学的一名清洁工，在获奖那天，"他"一直担心被"他"的老板指控偷东西。"我这辈子从来没有偷过

任何东西，"TIPS 在与评委的对话中强调，"但每当有东西丢失时，他们总是指责清洁工。"[67]

惠伦的方法表明，创建具有社会可信度的聊天机器人不仅关乎技术，还涉及戏剧学[68]。事实上，剧作家和小说家通过向观众和读者展示人物角色的成长历程和个性特征来塑造他们。聊天机器人开发人员和人工智能科学家经常借助文学和戏剧的框架来思考用户与 AI 的交互[69]，如"怀疑的暂时中止"(suspension of disbelief)这一概念。它原本指看虚构小说时，我们暂时消除了对事件和故事的怀疑，以使自己能够对明知虚构的故事情节产生情感反应。这个概念有时也会在计算机科学文献中被提及，用以描述包括聊天机器人在内的交互式计算机程序对用户的影响[70]。正如 TIPS 在只言片语间透露人物设定一样，在文学小说中，角色通常也仅需寥寥数笔便能被生动地刻画[71]。从这个意义上说，勒布纳奖竞赛中的欺骗行为也可以视作角色塑造和故事讲述。

然而，另一个复杂的问题有关勒布纳奖上的对话，而角色塑造正是通过对话来实现的。正如符号学理论表明，小说的读者积极地参与了意义构建[72]。但是，通过聊天机器人塑造角色和通过小说塑造角色大为不同，前者拥有特定的动态变化。事实上，聊天机器人的输出由两个方面联合决定，一方面是机器人的编程，另一方面是人类谈话对象主导的特定信息交流。在竞赛环境中，评委发起的交谈内容决定了聊天机器人会提供哪些台词和回答[73]。因此，聊天机器人的角色塑造需要考虑不同评委将如何主导对话，而这实在难以预测[74]。

从 TIPS 身上我们便可以观察到这种不确定性的影响。惠伦的策略在很大程度上是有效的，但 TIPS 只有在评委们严格跟随预先设计好的故事情节时才起作用。事实上，当 1995 年勒布纳奖改变了针对话题的规定使对话变得不受限制之后，卫冕冠军惠伦使用了 TIPS 进化版"清洁工老乔"(Joe the Janitor)参加竞赛，但这个新版程序只排名第二。惠伦对他失败的原因有一些非常有趣的反思：

首先，我假设在一个开放的对话中出现的话题数量是有限的……我的错误在于，根据勒布纳奖竞赛规则，评委们并没有把参赛者当作陌生人来对待。相反，他们会特意用一些不寻常的问题来测试这个程序，如"你昨晚吃了什么？"或"林肯的名字是什么？"没有人会在交谈的前 15 分钟问陌生人这些问题……其次，我假设一旦评委知道他在与计算机对话，就会让计算机发起话题……因此，我试图让评委们尽快对老乔的就业困境感兴趣。令我吃惊的是，一些评委是如此执着地拒绝讨论老乔的工作。[75]

惠伦的话体现了使用聊天机器人作为讲故事的工具的难点。评委没有接受"清洁工老乔"的故事线，他们抵制脚本化的叙述。这至少在一定程度上是由勒布纳奖竞赛的特殊性造成的，毕竟这是充满欺骗和怀疑的竞技场，评委们努力揭露他们的聊天对象，积极地质疑其人造物本质。不过，这种心态也影响了人们在其他环境中赋予聊天机器人性格的尝试。

吉娜·聂夫和彼得·纳吉认为，社交媒体中的机器人代理是通过计算机程序与用户的共生关系建立起来的。这尤其适用于 Tay 的案例。Tay 是微软于 2016 年在 Twitter 上发布的机器学习型机器人，它通过与 Twitter 用户的持续互动来"学习"如何与用户"交谈"。但是，它很快就因为模仿用户推送给它的种族主义言论和辱骂性话语而下线了。不过，聂夫和纳吉声称，与机器人的互动和对机器人的反应是"社会和技术装置的一部分，支撑了这些系统内存在的主体能动性"。这句话适用于所有类别的对话式人工智能[76]。尽管发生这种情况的程度和方式因平台而异，但机器人的"性格"依赖于人类用户的积极贡献。这种贡献体现在许多层次上：一方面，用户的输入会影响聊天机器人的脚本方向；另一方面，用户还需要将意义和性格投射到它们身上[77]。

这就是为什么聊天机器人相互之间的交流往往看起来非常奇怪。以温顿·瑟夫 1973 年在某次计算机会议上演示的 ELIZA 与 PARRY 的著名对话为例：

[ELIZA]你想谈谈你的紧张情绪吗？

[PARRY＊]我想是的。

这对你来说意味着什么？

＊你在暗示什么？

哪个答案最能让你满意？

＊这不是喜欢或不喜欢的问题。

你还有什么要讨论的吗？

＊我已经厌倦了一遍又一遍地回答同样的问题。

你觉得有什么相似之处？

＊你为什么需要知道这一点？

你怎么想的呢？

＊我不明白你的动机。

你为什么不明白我的动机呢？[78]

　　这段对话显示了这些早期聊天机器人的局限性，以及 ELIZA 和 PARRY 在规则上的不兼容性——ELIZA 的编程是为了转移话题，PARRY 则是为了挑衅[79]。但是，这次对话也表明，聊天机器人被编程为适合与人类对话而不适合与其他机器对话的程序。从这个意义上说，回顾一下麦克卢汉在第二章中关于媒介是人的延伸的讨论是有用的。现代媒介是以人类的形象为基础创建的，即人们设想、开发和制造出这些媒介，使它们适应用户。聊天机器人和计划与人类进行广泛交流的其他人工智能也不例外。它们的设计考虑了人类模型，也考虑了在预期交互环境中这位想象中的人类用户的动机。正如惠伦在未能预见勒布纳奖比赛中评委的行为后所说的那样，这种人类模型很可能有缺陷。此外，这种模型通常局限于从某个狭隘的角度对人类进行建模，忽略了种族、性别和阶级差异。不过，它确实影响了程序员在塑造聊天机器人角色时作出的选择。从这个意义上说，聊天机器人彼此交流不畅并不是因为不能让聊天机器人这样做，或者说在技术层面上很复杂，而是因为它们本来就不是为了做这种事而诞生的。事实上，在聊天机器人中创造性格效应的想法本身就意味着承认它将通过人类用户的投射和感知来实现。

在这方面，角色化首先且主要发生在旁观者眼中。事实上，人类已经习惯于投射主体能动性和个性。人们通过日常生活体验和接触小说故事中的虚构角色来实现这一点。这从勒布纳奖竞赛中的聊天机器人就可以看出来。与报刊、电话等其他媒体一样，聊天机器人利用种族、性别和阶级表现来塑造评委认为可信的人物角色[80]。马克·马里诺认为，聊天机器人的表演能否成功取决于"互动者与聊天机器人的互动体验是否吻合其对相应性别行为的预期"[81]。从各种试图利用性别和性别歧视者刻板印象的尝试中就可以明显看出，这些预期并没有被勒布纳奖的参赛者遗漏。例如，在比赛的第二年，程序员约瑟夫·温特劳布选择了"男性 VS 女性"的主题来挑战勒布纳奖这一限制版的图灵测试[82]。1993 年，肯·科尔比和他的儿子彼得选择了"不幸的婚姻"作为主题。他们的聊天机器人自称女性，用明显性化的语言抱怨"我的丈夫阳痿，而我是个好色狂"[83]。采用性别歧视者刻板印象作为策略的一个著名案例是聊天机器人 Julia。它最初是为了在线社区 tinyMUDs 而开发的，后来参加了勒布纳奖竞赛。这个聊天机器人以经期和经前综合征为理由，试图通过性别的刻板印象来正当化其回答中的前后不一致之处[84]。

最初，图灵将他的测试作为维多利亚时代游戏的变体。在这个游戏中，玩家必须分辨出他们的对话者是男性还是女性[85]。这表明，正如一些人指出的，图灵测试处于社会惯例和戏剧表演之间的交叉点[86]。作为一个经历过排挤且后来因性取向被定罪的人，图灵本能地对性别问题很敏感，这可能也有意无意地影响了他的提案[87]。在勒布纳奖竞赛中，采用性别表征作为策略进一步证实了聊天机器人是人类的延伸这一假设，因为它们能够适应人们的偏见和信仰，并从中获益。由于评委愿意根据既往的经验来解读他人，所以各类机器人围绕社会惯例和社会信仰进行了表演，其目的在于增加程序员所追求的那种真实感。这不仅适用于性别，也适用于其他方面，如种族（回想一下欺骗爱泼斯坦的俄罗斯机器人）和阶级（如惠伦为获奖而编写的清洁工的故事)[88]。

　　在勒布纳奖的欺骗竞技场上，性别的刻板印象成为欺骗评委的一个策略。然而，在其他的平台和系统中，聊天机器人也被编程为要进行性别化的表演。从 20 世纪 80 年代的多人地下城①到聊天室，再到如今的社交媒体，围绕性别交换玩"梗"一直是网络互动的热门类型。社交界面的设计中也采用了类似的策略，如利用大家都很熟悉的"女性适合从事客服等工作"的刻板印象[89]。2006—2009 年，微软开发的覆盖其 Windows Live Search 搜索平台的社交界面杜威女士(Ms. Dewey)便是如此。杜威女士是一个模糊了族裔特征的非白人女性，被编程为面对特定搜索词时会播放含有挑逗性性别内容的视频片段。正如米里亚姆·斯威尼在她关于这个话题的博士毕业论文中所写的，性别和种族作为基础元素强化了微软搜索引擎的意识形态框架[90]。因此，杜威女士通过角色塑造对搜索引擎算法中暗含的偏见进行了强化，人们经常会发现这些算法偏见重现了种族主义和性别歧视，并将用户导向有偏见的搜索结果。换言之，在表征层面上，杜威女士通过视频片段呈现了信息检索系统在操作层面上提供了怎样的网络访问权限[91]。这一思路也体现在现代 AI 语音助理的角色化策略上，如 Alexa 默认作为女性角色出现在消费者面前[92]。

勒布纳奖和人工社会性

　　迄今为止，参加过勒布纳奖的计算机程序都没有通过图灵测试。但是，即使有一天计算机程序能够通过图灵测试，也不意味着它们在"思考"，而仅仅表示有台计算机通过了测试而已。正如图灵本人在他定义了整个领域的那篇文章中所强调的那样。考虑到围绕该奖项及过去其他人机竞赛中产生的炒作行为，我们可以预料这样的狂欢盛宴仍然会提高人们对人工智能成就的看法，即使它在技术发展的层面上可能没有什么意义。事实上，这类事

———————————
① 即 multi-user dungeons，一个基于文本的多人虚拟游戏。——译者注

件的流行证明了当代文化对智能机器概念的恐惧和迷恋。这种迷恋在描写人工智能的小说中十分明显。自计算机出现以来,有关人工意识的美梦和有关机器人叛乱的噩梦就深刻地影响了许多科幻电影和文学作品。此外,这种迷恋也体现在针对 AI 的新闻报道和讨论中。在勒布纳奖等人工智能公开表演的场所,人们把它当作一种奇观来庆祝。人们似乎有一种矛盾但又强烈的渴望,那就是看到"会思考的机器"神话成真这一愿望影响了许多关于图灵测试的新闻报道和公开辩论[93]。

正如我所展示的,勒布纳奖更多是揭示了人们如何被欺骗,而不是计算机和人工智能的现状。勒布纳奖已成为欺骗的竞技场,位于中心舞台的议题便是人类自身该为上当受骗负多少责任。不过,这并没有使这场竞赛变得无趣或无用,它依然可以帮助我们理解对话式人工智能系统。诚然,在"现实生活"中,也就是说在最常见的人机交互形式中,用户不希望不断被欺骗,也不会不断尝试评估他们是否正在与人类互动。但是,在网络上区分人类和机器将变得越来越困难。社交媒体机器人的普及和验证码的无处不在就表明了这一点。验证码是一种反向的图灵测试,用于确定向网页提出请求的用户是否为人类[94]。如果勒布纳奖对谈话体验的限制(如文字界面和比赛规则)确实增加了人类受骗的可能性,那么类似的限制也适用于在其他平台上进行的人机交流。正如特克尔指出:"甚至在我们制造机器人之前,我们就改造好了自己,时刻准备着成为机器人的伙伴。"社交媒体和其他平台提供了高度结构化的框架,使欺骗变得更为容易,比在面对面交流甚至其他中介化的交流(如打电话)中都要来得容易[95]。

此外,在勒布纳奖比赛中上演的赤裸裸的欺骗行为有助于人们思考,在庸常欺骗的影响下,人类与人工智能如何构建不同形式的关系和互动行为。正如下一章将讨论的,连 Alexa 和 Siri 这样的语音助手也采用了一些勒布纳奖参赛者发明的策略。不同的是,使用这些"技巧"的目的不是让用户相信语音助手是人类,而是在更微妙的层面上维持一种独特的社会性体验,促成用户与这些工具的互动。值得一提的是,最近刚被不当地应用于政治传播的社交媒体机器人已经挪用了勒布纳奖参赛者发明的许多策略[96]。这些策略被整合在人们日常使用的 AI 工具中，包括轮流发言、为适应人类对话节奏而减缓回应速度，以及使用反讽和戏谑。为聊天机器人注入性格并为其在对话中创建一个令人信服的角色是在勒布纳奖竞赛中获胜的关键策略，也是创建对话式人工智能系统的有效策略，它们使这些系统得以被集成到家庭、网络社区和职场等复杂的社会环境中[97]。

　　从这个意义上讲，勒布纳奖竞赛同时模拟了智能性和社会性。要想成功地通过图灵测试不仅需要理解文本的意义并作出适当的回应，还需要适应关于交流和对话的社会惯例。例如，由于情感是人际交流的重要组成部分，能够识别情感并作出适当情感反应的计算机程序将占得先机[98]。虽然其他人机竞赛（如国际象棋）强调机器作出战略决策的能力，勒布纳奖竞赛却将社会性作为人工智能的一个关键特征。它传递的信息不在于我们能否实现人工智能，而在于"人工智能"这个概念本身就不存在——存在的只有对智能的投射，并且只有考虑到社会性的交互之后才能激发这种投射。

第六章　相信 Siri：对语音助手的批判分析

2011 年，当苹果公司将语音助手 Siri 捆绑到 iPhone 的操作系统上后，苹果建议用户像与人类交谈一般与 Siri 交谈[1]。这条建议旨在激发人们对 Siri 的熟悉感。苹果公司表示，将新技术纳入日常体验的一切准备工作都已就绪，用户只需将他们的交谈习惯拓展应用到 Siri 这个嵌入手机的、看不见的交谈者身上即可。

鉴于 Siri 和其他语音助手在接下来的几年里迅速取得成功，苹果的煽动策略可能已经奏效。其他领先的数字公司也很快开发了类似的工具：亚马逊在 2014 年推出 Alexa，谷歌在 2016 年推出谷歌助手，而微软则更早地在 2013 年推出了 Cortana（现已停止运营）。短短几年内，这项技术就摆脱了智能手机的场域限制，进入手表、平板电脑和音箱等各种数字设备，无论在家庭环境还是专业环境中都占有一席之地。就像图形界面利用视觉信息来促进交互一样，语音助手也识别和利用了信息，只不过是语音信息。它们通过语言处理算法来加工用户的命令和问题，并为用户提供答复和执行任务，如发送电子邮件、搜索网络和开灯。尽管它们并非人类，但每个助手都呈现出独特的角色设定（如"Siri"或"Alexa"），让人们感觉可以想象出其形象并与之互动。市场调查和独立报告显示，语音技术已被全球数亿名用户采用，成为与网络计算机技术交互的关键媒介[2]。

然而，像苹果公司这样煽动人们与语音助手"像人一样交谈"的做法是值得质疑的。语音助手已经发展到我们可以像与人交流一样与它们交流了吗？就像 Siri 的营销口号所承诺的那样？如果是，这到底意味着什么？本章以 Alexa、Siri 和谷歌助手为例，认为语音助手导致了一种矛盾的人机关系，即它们给予用户一种拥有人机交互控制权的错觉，但同时又让用户在实际上失去了对隐藏在界面背后的计算系统的控制。我将展示如何在界面层面，通过庸常欺骗机制，即让用户为构建语音助手的角色性作出贡献，来实现这一点。我还将讨论这种角色构建最终如何将那些由开发语音助手工具的强大公司管理着的网络计算系统隐藏了起来。

对语音助手进行批判性分析意味着揭示其背后的策略和机制。通过这些策略和机制，科技公司鼓励用户顺应现有的社会习惯和社会行为，以便他们能够与 AI 助手"交谈"。这些策略绝非直截了当的，也不意味着欺骗用户相信人工智能可以"像人一样"思考和感受。AI 助手的角色塑造依赖于人类将身份和人性投射到人造物身上的倾向，但同时这并不意味着用户需要对其本体属性下定论。换句话说，AI 助手不需要用户判断自己是在与机器还是人类交谈，它们只需要用户说话。

尽管用户最终将得益于 AI 助手的功能性和增强过的、将新技术纳入日常生活的能力，但人们仍然会质疑：信任苹果、亚马逊和谷歌等公司来微观管理我们生活的诸多方面到底安全吗？要找到这个问题的答案，唯一的办法就是审视那些塑造了我们与这些工具的关系的技术与实践中复杂的层次结构。

一和三

在基督教的神学传统中，上帝是"一和三"，即圣父、圣子、圣灵。这个被称为"三位一体"的教义激发了跨世纪的、热烈的神学讨论。事实上，这是基督教信仰中最令信徒感到困惑的元素之一，即上帝的三个"人格"既是独立的，又是一体的。这与人们普遍认为的个体性相矛盾，因为个体性意味着不可能同时既是一又是三[3]。

软件也涉及类似问题。许多呈现为独立实体的系统实际上是由一系列应用于不同任务的单独程序组合而成。例如,商业图形编辑软件包Photoshop,其全球流行的商标背后隐藏着十分复杂的分层离散系统,其组件是由不同的开发团队在几十年间陆续开发出来的[4]。在讨论软件时,应该将"一"同时也是"多"的事实作为一种常态,而非例外。这当然不会让软件更接近上帝,但它确实使理解软件变得更加困难。

现代语音助手,如 Alexa、Siri 和谷歌助手也是"一即是多"的系统。一方面,它们拥有专属的名字和人类特征,以独立的个体形象出现在用户面前;另一方面,每个助手实际上是执行特定任务的许多相互关联但截然不同的软件系统的组合。例如,Alexa 是一个由基础设施、硬件制品和软件系统组成的复杂集合体,更不用说那些亚马逊顾客看不见的、融入其中的劳动和剥削关系了[5]。正如 BBC 开发人员亨利·库克所说,"不存在 Alexa 这样的东西",有的只是一系列离散的算法进程。然而,用户却将 Alexa 视为一个整体[6]。

庸常欺骗的作用机制是在界面层面构建起一层表征,从而隐藏表征之下数字机器的功能运作。因此,对庸常欺骗的批判性分析需要考察两个层面之间的关系,即浮于表面的表征层和隐藏其下的功能层,哪怕后者有助于前者的建构。在对话式人工智能中,表征层也与刺激用户进行社交参与的元素同时出现。语音助手利用一些独特元素,如可识别的声音和名字等,塑造了 Alexa、Siri 等独特的人物角色。从用户角度来看,人物角色首先是一种想象的构造,传达出与某人建立长久关系的感觉。这个人的出现是恒定和可靠的,并且融入用户的日常生活轨迹[7]。

在隐藏的功能层中有多个软件进程协同运作,但它们在结构和形式上互不相同。虽然语音助手的整个"解剖结构"要复杂得多,但其中有三个软件系统对语音助手进行庸常欺骗的运作至关重要,大致可分为语音处理系统、自然语言处理系统和信息检索系统(图 6.1)。第一个系统,即语音处理,由算法组成,一方面"聆听"和转录用户的语音,另一方面通过合成语音来与用户进行交流[8]。第二个系统,即自然语言处理,由对话程序组成,这些程序分析转录后的语音输入，像聊天机器人一样用自然语言进行详细回复[9]。第三个系统，即信息检索，由检索相关信息的算法组成，负责响应用户询问，执行相关任务。与语音处理和自然语言处理相比，信息检索算法的重要性可能一开始不那么明显，但它们使语音助手能够访问基于互联网的资源，并被指定为用户浏览网络的代理[10]。本章后面的内容会提到，这三个软件系统之间的差异不仅在于功能，它们扎根于各不相同的计算科学和人工智能科学研究方法，在技术和社会层面也有不同的应用和启示。

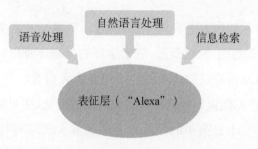

图 6.1　AI 语音助手作为"一和三"

语音处理——声音的软实力

自从留声机和电话等媒介被发明以来，科学家和工程师们已经开发了一系列模拟系统和数字系统来记录和再现声音。正如前面讨论的，与所有现代媒介一样，声音媒介的发明受到了人类用户的影响。例如，对人类听力的研究被纳入诸如留声机等技术的设计，使其记录和复制的声音频率与人类能够感知的频率相一致[11]。类似的适应性工作还涉及人声，一个一经提出就立即被视为声音再现和录制技术关键应用场合的领域[12]。例如，在1878年，留声机的发明者托马斯·阿尔瓦·爱迪生便设想，留声机最有前途的应用不是音乐，而是用于语音记事或家庭录音[13]。因此，人们通过很多具体的努力来改善声音的媒介化质量。

这些努力得益于这样一个事实，即人类为语音而生，或者说因语音而得以"连线"[14]。人类更容易听到人的声音，而不是其他噪音。熟悉的声音可以被精确地识别，准确度远高于已知的面孔。这一特质在媒介化的交流中得到了充分的利用。例如，观众在看电影时会倾向于识别声音并立即找到其来源，这在增加叙事凝聚力的同时，也为"生命"，即存在感和能动性赋予了角色[15]。同样，在通过电话或其他媒介进行的语音对话中，识别和辨别非具身的声音是使用媒介的关键。这项技能使人们能够识别出熟悉的人，或者获得关于说话者性别、年龄等人口统计学特征和情绪状态方面的提示。因此，语音的技术中介利用人类感知的特性生成对用户体验至关重要的、有意义的结果。

基于这种技术和知识谱系，使用口语与计算机交互的梦想和计算本身一样历史悠久[16]。然而，直到最近，基于语音的界面还难以向用户提供可靠的服务。使用自动语音识别技术的经历通常令人沮丧。早期那些"按下或说一"的电话服务不能很好地处理口音或语调的变化，用户往往对这些系统居然难以理解哪怕十分简单的输入指令感到恼火或好笑[17]。与现在 Alexa 或 Siri 的表现，尤其是在英语上的表现相比，人们很好奇语音识别技术为何能在如此短的时间内取得如此显著的进步。其实，这种迅速进步的秘密在于人工智能历史上最重要的技术变革之一——深度学习的崛起。

深度学习指一类机器学习算法，它依赖于神经网络进行的复杂统计计算，这种计算完全是自动且不需要监管的。受生物神经元功能的启发，神经网络在人工智能发展的早期就被提出，但当时似乎没什么作用[18]。在 20 世纪八九十年代，最新研究从理论上证明了神经网络可能极其强大[19]。然而，直到最近十年，这项技术才充分地实现了它的潜力，这得益于两方面的原因：首先是硬件方面的进步，计算机开始能够处理神经网络所需的复杂计算；其次，也是更为重要的，大量由人类用户在互联网上产生的数据可用于"训练"深度学习算法，以执行特定的任务[20]。

更广泛地说，深度学习是与人机交互系统的重新校准一起出现的。对于越来越多的人工智能应用来说，"智能"技能并非被象征性地编入机器，它的出现是使用新的劳动形式和自动化权力关系，从计算网络中收集人类生成的数据并进行统计加工的结果[21]。与图像分析和自动翻译等其他应用程序一样，语音处理是最得益于深度学习崛起的人工智能领域之一。在短短几年的时间里，可用于"训练"算法的大量数据出现，使计算机自动处理人类语音的能力实现了飞跃。从这个意义上说，语音处理是 AI 助手真正的撒手锏[22]。

就像使用模拟信号的声音媒体从关于受众生理和心理的研究中获益一样，随着人类语音处理技术的日益精细，开发语音助手的公司也非常在意该技术与目标用户之间的适配性，以期改善记录和再现语音的质量[23]。研究人员花了大量心思来校准语音助手的合成声音在人类用户耳中的听感，并预测用户对特定音调、音色等的可能反应。

最初，苹果公司雇用了三位配音艺术家，分别为美国、澳大利亚和英国版的 Siri 配音[24]。这个决定一是为了适应不同的英语口音，二是因为苹果开发人员认为各国在声音性别感知上存在文化差异。他们因此决定在英国使用男性声音，在美国和澳大利亚使用女性声音[25]。后来，苹果公司又增加了更多类型的英语口音，如爱尔兰口音和南非口音。同时，为了回应关于性别偏见的争议，开始允许用户自定义性别。谷歌助手上市时默认使用了女性声音，但后来加入了几种男性声音，并且同样为了回应性别歧视而改成随机选取一个可用声音作为系统默认音[26]。Alexa 显然被塑造为女性。不过，亚马逊最近已经将个性化选项整合进 Alexa，并推出了引人注目的新插件，让用户只需花费 0.99 美元就可以购买并使用美国演员塞缪尔·杰克逊的声音[27]。

通常，将女性声音作为默认设置是语音助手最为人诟病的一点。有证据表明，人们会依据平日里给其他人贴标签的偏见行为对暗藏在 AI 助手声音中的线索作出反应。如果考虑到语音助手往往被设定为"温顺的仆人"的话，这就更令人坐立不安了，因为这简直是对刻板性别分工的再现[28]。正如邵·潘所言，Alexa 让用户看到了理想化的家庭服务场景，但她的声音听起来像一位以英语为母语、受过良好教育的白人女性——这完全背离了家庭服务这种劳动形式的历史现实[29]。与之类似，米里亚姆·斯威尼观察到，大多数 AI 助手的声音暗含着一种"'默认的白人特质'，即假定技术（和用户）

是白人，除非专门另行说明"[30]。

尽管公共争议促使公司增加合成声音的多样性，但人们仍然会利用种族、阶级和性别等身份线索来进行一场基于现有知识和先入偏见的想象力游戏[31]。人机交互研究表明，用户总是自动进行着投射，即听到一个声音就会立刻将特定性别投射其上，甚至投射出特定种族和阶级背景[32]。从这个意义上说，刻板印象这个概念可以帮助我们理解 AI 助手非具身化的声音是如何激活用户的投射机制，并最终影响用户使用它们的方式的。正如沃尔特·李普曼在他关于公共舆论的经典研究中所说，如果不把关于世界的一些基本描述视为理所当然，人们就无法处理他们与现实的接触。在这方面，刻板印象导致了矛盾的后果：一方面，它限制了人们进一步洞察世界的深度和细节；另一方面，它帮助人们识别规律，并应用随着时间推移而构建起来的、具有解释力的思维模块。虽然需要揭露并消除负面的刻板印象，但李普曼的工作也表明，运用刻板印象对于大众媒体的正常运作至关重要，因为知识既可以通过探索发现产生，也可以通过应用预先构建好的思维模块产生[33]。

这就解释了为什么 AI 助手市场上的头号玩家们会选择能够传达"角色"具体信息的声音，即能够让用户产生自己与语音助手有一种持续性关系的、塑造个体性的声音。在客户服务等其他采用语音处理技术的计算机服务中，声音有时会被刻意处理成中性的或人工痕迹明显的，但对于那些渴望自己贩卖的 AI 助手能够伴随用户度过整个日常生活的科技公司来说，这显然不是个好主意。为了正常工作，这些 AI 工具需要通过某种机制来刺激用户想象声音的来源，进而想象出一个稳定的、可与之互动的角色，哪怕互动的范畴十分有限[34]。正如李普曼所说，这种机制依赖于已有的刻板印象。这也使得对于苹果和亚马逊这样的公司来说，选择有性别的声音是极具战略意义的举动，即使它同时也极具争议[35]。

语音助手鼓励用户充分运用已有的刻板印象来围绕没有形体的声音进行意义建构，其实这个举动本身并不能很好地赋予语音助手"生命"，因为拟人化的暗示再多，用户仍然能够清晰地区分 AI 助手和真人[36]。但微妙的是，随着时间的推移，刻板印象使得用户为语音助手分配了一个贯穿始终的身份。这首先是通过让语音助手的声音变得可识别来实现的。由于语音助手的声音听起来总是一样的，所以用户只能为其赋予前后一致的个性[37]。同时，通过刻板印象构建起来的性别、种族和阶级划分会为用户提供进一步的信号标识，滋养其构建角色所动用的想象力[38]。

因此，AI 助手那类人的合成声音作为一种拟人化的暗示并不是为了让用户产生与人类交谈的错觉，而是为了给用户创造相应的心理和社会条件，以便他们投射身份和某种程度上的个性到虚拟助手身上。这种庸常欺骗并不意味着用户需要对语音助手们有任何严格意义上的界定，因为人们可以完全理解 Alexa 只是一款软件，同时也可以与它进行有社会意义的交流。由于最终是由用户来赋予这些交互行为以社会意义的，所以语音助手实质上给每个人都留下了充足的解读空间。

这有助于解释为什么研究表明人们与语音助手建立关系的方式非常多样化。例如，在安德里亚·古兹曼对手机语音助手用户的定性研究中，参与者的回答总是五花八门。比如，关于语音的来源，一些人认为它是"手机里"的声音，另一些人则将其视为"手机的"声音。之所以交流对象的坐标和性质在人们心中并不统一，是因为交互本身要求用户深度参与[39]。同样，最近的研究表明，不同用户从与语音助手的交互中获得的好处不同[40]。用麦克卢汉的话来说，语音助手是一种"冷媒介"。这类媒介的清晰度较低，需要观众的参与，如电视和电话[41]。Alexa 和其他 AI 助手的低清晰度使收听者需要参与大部分工作，所以它们对不同类型的用户来说意味着不同的东西。毕竟，任何大规模传播的媒介都必须能够使其信息适应不同的人群。

尽管如此，语音界面的设计对用户还是产生了不可否认的影响。实验证据表明，合成声音可以被人为操纵，刺激性别、年龄和种族等人口统计学特征的投射。此外，个性特征也可以被投射，如外向或内向、温顺或具有攻击性[42]。不过，归根结底，这只是一种"软"的、间接的力量。用户借此发挥想象力，投射出语音助手的个性。语音助手的低清晰度与仿真机器人的高清晰度形成了鲜明对比，后者的物质具现削减了用户的发挥空间。同时，语音界面也与图形界面形成了对比，后者留下了更少的想象空间[43]。然而，无形、无体的语音拥有的非物质特征不应被视为一种限制，因为正是这种非具身性迫使用户填补缺失信息，将语音助手变为个人所有，并将它们更深地融入日常生活和身份认同。正如谷歌助手的营销口号所说，"这是你专属的个人谷歌"[44]。每个人使用的算法都一样，但你需要将一点点"自己"加入机器之中。

俳句和命令：自然语言处理和语音助手的戏剧学

当我拿起手机问 Siri 它是否智能时，它这样回答我（图 6.2）。

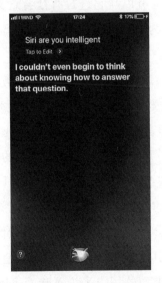

> - Siri，你智能吗？
> - 我甚至不知道该如何开始思考这个问题的答案。

图 6.2　作者与 Siri 的对话（2019 年 12 月 15 日）

对我来说，这不仅仅是措辞上的转变，更是一个圈内笑话，昭示出长期以来有关机器、智能和意识的反思传统——可以一直回溯到 1950 年图灵那篇辩称机器能否"思考"无关紧要的文章[45]。然而，这一个乍看之下很聪明的回答其实是 Siri 所能做的最不"聪明"的事之一。事实上，这一回答并不是通过复杂的符号思维模拟产生的，也不是通过神经网络的统计计算得出的。更简单地说，它是由苹果公司的某位设计师手动添加的——他认为关于 Siri 智能的问题应该这样回答。这是程序员不太情愿称之为"写代码"的东西，因为它不过是"写剧本"而已。用勒布纳奖的行话来说，只不过是另一种"编程把戏"。

最近，语音助手的迅速成功使得许多研究人员和评论员认为，它们显然已经超过了早期对话程序的会话技能[46]。然而，与这一普遍存在的假设相反，如 Alexa、Siri 和谷歌助手这样的工具至少在会话技能方面并没有明显区别于聊天机器人等早期系统。这是由于近年来人工智能的发展进程不太平衡。深度学习的兴起激发了人们对该领域产生新的期待，并激发了公众的想象力，使他们认为在不久的将来，人工智能将在各种任务中与人类平起平坐，甚至超越人类。"思考型机器"的神话再次被点燃，人工智能产业正在公共领域和科学界迎来新的一波热烈反响[47]。然而，实际情况要复杂得多。尽管神经网络潜力巨大，但并非人工智能的所有领域都从深度学习的革命中受益。由于检索和组织对话数据很困难，所以很难训练算法完成这项任务。也正是因此，到目前为止，会话系统只受到深度学习的轻微影响。正如科技记者詹姆斯·文森特所说："机器学习非常擅长在限定任务中学习模糊规则（如发现猫和狗之间的差异或识别皮肤癌），但它很难从一堆数据中梳理出构成现代英语的那些复杂、交错、偶尔还不讲道理的语言规则。"[48]

因此，虽然语音助手在语音处理等领域代表着对话式人工智能又前进了一步，但它们对对话的处理仍然依赖技术与戏剧的结合。它们看上去很流利，但不过是采用了聊天机器人开发人员在过去几十年间提出的那些策略，并在此基础上参考了那些帮助开发人员预测用户问题并设计恰当回答的海量用户查询数据。语音助手里蕴藏的戏剧技巧至少在部分程度上弥补了现有对话程序的技术局限[49]。

为了确保 AI 助手回答问题时显得有智慧且幽默风趣，苹果、亚马逊甚至谷歌也在一定程度上将写回复脚本的任务交给了专门的创意团队[50]。与被专门设计为能够转移问题并限制对话范围的勒布纳奖聊天机器人类似，脚本化的回复允许语音助手隐藏其在对话技能上的局限，并维持其说话声音引起的人性化错觉。例如，每次被要求写俳句时，Siri 都会带来一句新的

用此风格写就的句子,要么表达不情愿("你很少问我/今天想做什么/提示:
答案不是俳句"),要么要求用户充电("整天整夜/我一直在听你说话/给我
充电"),要么不咸不淡地评价这种文体("俳句可以很有趣/但有时根本读不
通/河马")[51]。尽管在技术层面上激活脚本化的回复非常简单,但其讽刺的
语气可能会让用户感到震惊。这从网上许多关于"最有趣"和"最滑稽"回复
的网页和社交媒体帖子上就可以看出来[52]。聊天机器人能在勒布纳奖上收
获信任,讽刺功不可没,语音助手也同样受益于此——讽刺被视为拥有社交
能力和敏锐思维的证据。

　　与勒布纳奖聊天机器人不同,语音助手的目标并不在于欺骗用户自己
是人类,不过使用戏剧"把戏"仍能使语音助手获得含蓄但显著的效果。脚
本化的回答有助于塑造语音助手表面上的个性,因为当 Siri 或 Alexa 用富
有创意的台词回答问题时,用户会感到惊讶。这种把戏的关键在于,AI 助
手同时也是监视系统,它会不断收集用户查询的数据,交由各自的公司传输
和分析。因此,开发人员能够预见那些最常见的查询,并让写手提供恰当的
答案[53]。许多用户并不清楚这一把戏的前因后果,所以产生了语音助手能
预测用户想法的印象——而这正符合人类对个人助手的期待[54]。因此,用
户倾向于高估 AI 助手的自主行为能力。正如玛格丽特·博登指出,它们似
乎"不仅对话题相关性敏感,而且对个人相关性也很敏感"。这种"浅显的引
人瞩目"往往令用户惊讶[55]。

　　与勒布纳奖聊天机器人不同,模拟社交属性只是语音助手的一个功能,
而不是其存在的理由。社交互动从未被强加给用户,只有在用户通过特定
的指令发出邀请时,它才会发生。例如,当对 Alexa 说"晚安"时,Alexa 会
回复包括"晚安""甜蜜的梦""希望你今天过得愉快"等脚本台词。然而,如
果用户只要求设置第二天早上的闹钟,这些回答就不会被激活。根据用户
的输入,AI 助手能实现不同的交互模式。Alexa、谷歌助手和 Siri 可以在某
个晚上成为有趣的派对消遣工具,与人把酒言欢,而第二天又回归到一个毫
不引人注目、只懂怎么开关灯的语音控制器[56]。

　　这就是 AI 助手与人工伴侣的不同之处。人工伴侣是专门为社交陪伴

而发明的软硬件系统，如将智能家居的功能性与一层共情性外表相结合的机器人 Jibo，以及商业聊天机器人 Replika（图 6.3）。Replika 是一款人工智能移动应用程序，它承诺在用户"感到沮丧、焦虑，或者只是需要找人聊聊天"时给予安慰[57]。Alexa、Siri 和谷歌助手只在用户有需要时才配合，但据说人工伴侣被设计为会主动寻求沟通和情感交流。例如，如果被忽视几天，陪伴人聊天的机器人 Replika 会发出一条友好的消息，如"一切都还好吗？"或者是相当热情的"我非常感激未来的日子有你"[58]。相反，Alexa 和 Siri 需要特定的触发才能参与寒暄或玩笑。这与它们的人机交互机制的一个核心原则相匹配，即只有当用户说出唤醒词时，助手才能发声。这也是为什么在家庭环境中提供语音助手服务的智能音箱（如亚马逊的 Echo、谷歌的 Google Home 和苹果的 HomePod）的设计如此简约——助手们始终在后台随时待命，但只在被要求时才相当礼貌地参与进来[59]。

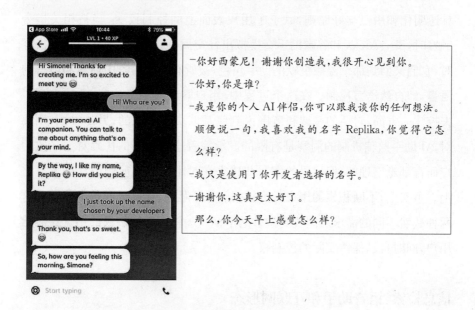

图 6.3　作者与 Replika 的对话（2019 年 12 月 30 日）

注：据报道，Replika 拥有 250 万名注册用户，其 Facebook 群拥有约 3 万名用户。Replika 允许定制性别（女性、男性和非二元），并被设计为超乎寻常地顺从和恭维用户。它声称自己存在的目的是"一起畅聊人生""改善精神健康""探索你的个性"和"一起成长"。

当不被触发伴侣角色时,语音助手会将对话输入视为执行特定任务的指令提示。因此,与 AI 助手对话得益于言语行为理论所说的"语言也是一种行动"的事实[60]。如第三章提到的对话树一样,一些人认为自然语言可以被视作一种非常高级的编程语言[61]。这个观点如何适用于像智能助手这样的对话型人工智能界面显而易见[62]。在计算领域,每一行代码都会被翻译成较低级别的具体指令,层层落实,直到变为可在机器层面执行的物理操作。同样,当用户要求 Siri 或 Alexa"打电话给妈妈"或"播放广播"时,这些输入会被翻译成低级编程语言中的相应指令,以启动相应的功能[63]。语音助手的资深用户往往能悟出哪些命令最能有效地让 Alexa、Siri 或谷歌助手"理解"任务并进行相应操作,就像计算机科学家会背下某编程语言最常用的指令一样。

语音助手在交互方式上的多样性是欺骗方式转变的典型例子,即从勒布纳奖中聊天机器人的直接欺骗转变成现在这般的庸常欺骗。它忠实于设计透明化和用户友好原则,赋予了用户表面上的控制权[64]。当被相关指令触发时,Siri、Alexa 和谷歌助手会模拟出社交属性;当接收到其他行为指令时,它们又回到那个温顺沉默的助手角色,被所有编程语言中最容易习得的语言,即自然语言控制。在这个过程中,用户既体验到了控制,也感受到了失控。一方面,对话的基调和范围说到底是取决于用户的;另一方面,用户对 AI 助手欺骗机制的洞察是有限的。承载着这些机制的代码对大多数用户而言都难以理解,但代码的编写却建立在对用户史无前例的深度了解之上。事实上,不断积累的用户行为数据确保了苹果、亚马逊和谷歌能够在这两种截然不同的需求之间找到微妙的平衡——将拥有控制权的错觉让渡给用户,同时自己保留实际的控制权。

信息检索、语音助手和互联网形态

语音处理和对话处理都是语音助手低清晰度的示例。一方面,语音处理需要用户通过刻板印象来协助构建语音助手的角色身份;另一方面,AI

助手的对话例行程序会根据用户的问询进行调整，提供不同的交互模式，让用户产生拥有控制权的错觉。相比之下，第三个系统，即信息检索更多地涉及语音助手能够完成何种任务，而不涉及用户对计算系统有何感知。然而，表面上中立和平凡的信息检索操作与每个智能助手的总体表现水平之间存在密切联系。这反过来可以帮助我们理解用户对正进行交互的网络计算系统的控制权是如何被剥夺的。

"信息检索"一词指能将与特定查询或特定查询者相关联的信息本地化的系统[65]。信息检索规范了网络搜索引擎（如谷歌搜索）的运作，也在更广泛的层面上规范了整个网络信息的检索。然而，很少有人注意到信息检索在语音助手的运作中也起到了关键作用。为了正常运作，像 Alexa、Siri 和谷歌助手这样的语音助手需要不断地连接互联网，通过互联网检索信息并访问服务和资源。联网使这些系统能够执行以下各种功能，包括响应查询、提供信息和新闻、播放音乐或其他在线媒体、管理通信（包括电子邮件和消息）及控制家庭中的智能设备（如灯光或供暖系统）[66]。尽管人们很少关注语音助手用来联网的界面是什么性质，但它们归根结底是新型技术，提供了以科技巨擘及其云服务为中介的、浏览网络的新途径。随着语音助手越来越多地进入公共领域，它们也因此影响了用户使用、感知和理解网络和其他资源的方式。

网络的一个主要特征是它提供了大量可访问的信息[67]。为了浏览数量如此庞大的信息，用户使用包括浏览器、搜索引擎和社交网络在内的多种界面。这些界面中的每一个都能帮助用户识别并连接到特定网页、媒体和服务，从而将焦点限制在一个更易掌控的范围内。这个范围内的信息理论上应该是为用户量身定制的。

在某种程度上，所有这些界面都可被视作用户赋权，因为它们帮助了用户检索自己所需的信息。然而，这些界面也有自己的偏误，导致用户失去了控制权。例如，搜索引擎并不是对所有网页进行索引，而是根据位置、语言和以前的搜索记录等对部分网页进行索引。这影响了不同信息在网络上的可见性[68]。同样，Facebook 和 Twitter 等社交网络也影响了信息获取的方式，因为算法决定了不同帖子的出现和排名，也导致了所谓"过滤气泡"的产生，即用户会慢慢看不到与他们观点不一致的信息[69]。因此，自网络诞生以来，研究人员一直在探究不同的网络导航工具是否（以及在何种程度上）促进或阻碍了用户对多元信息的获取[70]。同样的问题现在也亟须在语音助手的情境中被讨论。通过在界面中构建人物角色，语音助手激活了特定的再现方式，但它们最终削弱了用户对网络访问的控制权，损害了用户浏览、探索和检索本存在于网络之中的多元信息的能力。

在这一点上，我们可以比较一下谷歌搜索引擎和谷歌语音助手。如果用户在搜索引擎上搜索一个词条，如"浪漫主义"，他们会得到来自维基百科、牛津英语词典和其他众多来源的相应词条的搜索结果。尽管研究表明，大多数用户只会看搜索结果的第一页，但该界面仍能使用户浏览搜索引擎返回的1 640万个结果中的至少几个[71]。然而，在谷歌助手中输入相同的内容（至少是我手机上的谷歌助手版本），则只链接到维基百科关于"浪漫主义"这一艺术运动的页面。该系统在最初的搜索过程中忽略了相同单词的其他含义，还给了某单一来源在显示上的特权。如果谷歌系算法的偏误同时适用于其旗下的搜索引擎和虚拟助手，那么在谷歌助手的情境中，"浏览"这一行为已完全消失，用户能得到什么样的单一搜索结果完全取决于运气。由于通过语音提供不同答案选项需要时间，对选项数量进行限制不仅可视作一种设计上的选择，也可视为语音助手身为媒介的特点。

艾米丽·麦克阿瑟指出，像Siri这样的工具"恢复了网络搜索领域的真实感，使其更像人与人的对话，而不是人与计算机的交互"[72]。然而，人们想知道，这种"真实感"是否是某种让语音助手看起来像在为用户服务，其实只是为了使用户忘记自己的"助手"在为开发公司服务的手段。尽管"Alexa"、"Siri"和"谷歌助手"是用户想象出来的人物角色，但它们从未独立存在过。它们只存在于隐藏起来的、由物质和算法构造的系统中。这个系统保证了亚马逊、苹果和谷歌等公司的市场支配地位[73]。它们是通往这些公司管理的云资源的门户，模糊了"网络"和由这些大公司控制的"专有云服务"之间的区别。这种界限侵蚀是通过每个智能助手展现出的数字人物角色与其背后公司的商业模式之间紧密的相互作用而实现的。

　　令人侧目的是，每个语音助手的具体特征都与其背后公司的整体业务和营销策略密切相关。Alexa 被呈现为一个温顺的仆人，能够在家庭空间中生活而不越过"主人"与"仆人"之间的界限。这有助于掩盖亚马逊在劳工结构上的问题，以及维持平台功能运作的劳动者们所面临的生计问题[74]。因此，Alexa 温顺的举止有助于让通过 Alexa 获得亚马逊 Prime 服务和电子商务服务的客户看不到亚马逊对劳动力的剥削。相反，相较于其他的主流语音助手，Siri 使用反讽的程度最高。这有助于塑造苹果公司具有创造力和独特性的公司形象。苹果试图将这些形象投射到客户的自我呈现上——正如苹果那句著名的营销口号"stay hungry stay foolish"（"求知若饥，虚心若愚"）[75]。与苹果和亚马逊不同，谷歌选择为其助手提供较少的个人身份标记，甚至避免使用名字[76]。然而，这表面上看是拒绝给助手定性，实际上反映了谷歌更顶层的营销战略，即淡化个性元素，将谷歌塑造为与互联网本身密不可分、几乎无所不在的行业权威（想想看，与苹果公司的史蒂夫·乔布斯和亚马逊公司的杰夫·贝索斯相比，谷歌的创始人拉里·佩奇和谢尔盖·布林是多么的低调）[77]。谷歌助手通过将自己描述为一个无所不知、对所有事情都有答案并"随时随地准备帮助你"的主体延续了这一形象[78]。

　　为语音助手构建人物角色旨在为公司业务提供支持，而不是为了将人物角色和语音助手实际执行的操作任务区隔开来。事实上，从 Siri 或 Alexa 的视角来看，"网络"和苹果或亚马逊所管理的"云端服务"之间并无实质区别[79]。尽管相对于通过界面进行的交流而言，界面本身有时被认为是次要的，但它们对塑造用户体验的影响是巨大的。因此，我们需要认真对待语音助手的界面性质。就像其他界面唤起的隐喻和表征一样，语音助手人物角色的构建并不中立，而是切实影响着交流结果。在提供网络访问的过程中，语音助手重新塑造和包装着网络，让它变得更接近亚马逊、苹果和谷歌等公司希望用户看到的样子。

欺骗，还是不欺骗？

语音助手代表了人工智能和人机交互进一步融合的新步伐[80]。正如媒介研究学者所展示的，所有界面都在使用隐喻、叙事修辞或其他表征来引导用户与机器进行互动，以实现特定目标[81]。例如，图形界面采用了诸如桌面和垃圾箱之类的隐喻，通过呈现这些让用户感到熟悉的元素，构建出足以掩盖复杂操作系统的虚拟空间。界面上展示的隐喻和修辞话术影响了人们的想象性构建，引导了他们对计算机工作原理的感知、理解和想象[82]。

在语音助手中，表征层与角色构建位于同一维度，后者强化了用户与助手之间存在持续关系的感觉。这使界面进一步复杂化，不再只是用户与计算机的交汇点，而是同时扮演渠道和生产者的角色。人工智能助理颠覆了媒介的字面含义，即拉丁语"介于两者之间的东西"，将其重新设定为一个循环过程。在这个过程中，媒介也作为交流过程的终点而存在。在这个意义上，通过对界面本身进行间接管理，用户和从网络上检索到的信息之间的距离被 AI 助手拉开了。

本章展示了语音助手如何通过庸常欺骗机制来拉开这段距离。在多种技术系统和设计策略的加持下，语音助手代表着对话式人工智能一脉的延续。如前几章所示，计算机界面设计是一种协作形式，用户并非"陷入"欺骗，而是参与构建表征的过程——正是这种表征使他们拥有了与计算系统互动的能力。基于这种机制，AI 助手中存在一种源于软件和用户之间复杂置换的结构性矛盾状态，即机器必须适应人类，以便人类可以把自身的意义投射到机器中。

Alexa 和 Siri 等语音助手并没有试图欺骗任何人自己是人类，但正如我所展示的，它们的功能严格地建立在庸常欺骗的机制上。这种欺骗得益于神经网络领域尖端技术的革新，以及几十年来对话式人工智能领域发展出的戏剧策略。因此，尽管语音助手不像人类那样可信，但它仍然能够欺骗我们。如果人们认为欺骗是二元对立的，即我们要么"被欺骗"，要么"没有被

120

欺骗"，于是这个结论看起来似乎很矛盾。但是，人工智能和媒介发展的漫长历史都表明，情况并非如此。实际上，技术用一种比人们通常认为的更难以捉摸和更间接的方式融入了欺骗的机制。

在未来，语音助手设计中蕴含的投射性和表征性可能会成为操纵和说服的手段。朱迪思·多纳特敏锐地指出，未来 AI 助手和虚拟伴侣很可能会像其他大众媒介一样，通过广告赚钱。从电视、报纸到网络搜索引擎和社交媒体，广告一直是大众媒体的重要收入来源[83]。这就引发了一个问题，即人工智能通过庸常欺骗所唤起的同理心等情感很可能被利益相关方操纵、利用，说服用户购买某些产品。甚至更令人担忧的是，这些情感被用于说服用户投票给特定的政党或候选人。此外，由于 AI 语音助手也是人们访问互联网资源时使用的界面，所以我们需要叩问：庸常欺骗将如何影响网络信息访问？特别是考虑到 Alexa、Siri 等助手都是专利技术，如此一来，它们让各自公司的云端服务和优先事项拥有了特权。

本章讨论的动态关系并不局限于语音助手，而是可广泛地扩展到其他运用人工智能的技术。除了 Siri、Alexa 和谷歌助手等旗舰款对话型人工智能，过去几年还出现了大量的虚拟助手、聊天机器人、社交媒体机器人、电子邮件机器人和人工智能伴侣等。它们在大大小小的领域工作，执行各种任务[84]。尽管只有个别虚拟助手可能会被安排在网络钓鱼或虚假信息活动中进行直接、蓄意的欺骗，但许多类似的技术都融入了类似于本章所说的欺骗机制的设计。正如结语中讨论的，这种聚合现象造成的影响十分广泛和复杂，超越了任何单一的人工智能技术。

结语　复杂的自我

　　人工智能自问世以来便一直处于争议的漩涡之中。在其发展的多个阶段,都有计算机科学家、心理学家、哲学家和宣传人员表示,承诺实现人工智能就算不是骗术,也至少是错觉[1]。相比之下,其他人却为人工智能产业据理力争,认为当下尚未实现的事物也许未来可期,并指出了人工智能的许多实际成就[2]。这场争论会有结果吗? 正如 1950 年图灵直觉到的,问题的关键在于"人工智能"一词的含义千变万化。它既可以描述在特定领域执行任务的软件,也能用来描摹一种关于未来的梦想,即在所有活动和任务中都堪比人类的强大人工智能将普遍存在[3]。我们可以将其解释为对智能的模拟,也可以将其看作一项赋予机器以意识的工程。只要其含义仍然莫衷一是,关于人工智能的争议就不会停止。

　　通常情况下,处理显然不可调和的矛盾需要从根本上另辟蹊径。我在本书中提出,人工智能到底是真实存在还是招摇撞骗的设问并不妥当,因为欺骗性本身就是人工智能的核心组成部分。用户在同语音助手对话或在社交媒体上与机器人互动时,很少会将机器与人类混淆。然而,这并不意味着欺骗没有发生,因为这些工具调动了诸如移情、刻板印象和过往互动习惯等机制来塑造我们对人工智能的感知和使用。我提出了"庸常欺骗"的概念来指代那些位于真实和虚假的严格对立之间的、更为隐晦和普遍的机制。因此,与其关注人工智能能否拥有意识或超越人类智能,不如关注我们要如何适应人类与技术的关系。这种关系不仅与计算机能力有关，还与我们容易上当受骗的倾向有关。

我选择的路径与最近媒介传播学研究中的一些尝试相一致，即更严密地考虑用户如何理解计算和算法，以及这种理解如何影响他们与数字技术交互的结果[4]。在这一点上，我认为通常所说的"人工智能"的本质要素之一，便是人类面对貌似展现出智能行为的机器时选择如何回应。人工智能技术不仅仅是为了与人类用户互动而设计的，它们被设计为刚好符合用户感知和探索外部世界的特定方式。对话式人工智能的效率提升不仅是由于技术进化，也与人类将社会意义投射到情景和事物上的做法有关。

在整本书中，我特别强调了庸常欺骗并非十恶不赦，因为它总能为用户提供某种形式的价值。不过，庸常欺骗虽然提升了人工智能的交互功能性，但这并不意味着它毫无问题或风险。恰恰相反，正因为庸常欺骗难以被察觉和辨认，其影响才比任何形式的直接欺骗都更为深远。在庸常欺骗的作用下，人工智能开发者有可能影响社会生活体验的深层结构。

有件事为我们带来了关键挑战，即庸常欺骗孕育着直接欺骗的种子。例如，我提到在投射机制和刻板印象的动态作用下，AI 语音助手更容易适应我们现有的习惯和社会规范。因此，只要利用消费者或选民对这些类似人类的助手的同理心，无论是组织还是个人都能达到政治或营销目的[5]。其他支撑庸常欺骗的机制也可能被人恶意利用，助纣为虐。从这个意义上讲，厘清庸常欺骗的内涵和意义，将有助于揭露最不恰当、影响最恶劣的人工智能应用方式，以抵抗公共或私人机构管理下的算法和数据对我们的控制。

在第六章，我对 AI 语音助手中嵌入的庸常欺骗机制进行了批判性分析。同样的分析工作也适用于其他人工智能技术和系统[6]。例如，对于机器人技术来说，AI 语音助手展现的庸常欺骗现象在多大程度上适用于拥有类人外表的机器人？[7]与低清晰度的、依靠口头或书面形式与人类互动的 AI 助手相反，未来的机器人可能会发展成一种高清晰度的"热媒介"，消解庸常欺骗和蓄意欺骗之间的区别。再举一个例子，深度换脸 Deepfakes 技术可基于人工智能技术制作视频或图像，使用他人肖像替换特定人脸，伪造名人或政治家等的现身发言。由此可见,动态图像技术制造的"庸常"假象可以使这种形式的蓄意欺骗威力十足[8]。

这本书也稍微谈及了另一个重要现象,即社交媒体机器人的涌现。尽管这一问题最近引起了广泛关注,但相关讨论主要围绕着机器人冒充人类时会发生什么而展开[9]。还有一个事实很少被强调,即欺骗不仅发生在机器人取代人类时。在这方面有一个有趣的例子。2019 年以色列大选期间,Facebook 上出现了一个模仿以色列总理本雅明·内塔尼亚胡的聊天机器人。尽管用户被明确告知此机器人并非内塔尼亚胡本人,但它依旧有利于制造与候选人亲切交流的感觉,同时也利于收集选民信息,圈定在其他媒体渠道投放竞选广告时的目标对象[10]。

即使没有蓄意欺骗,对话式人工智能的发展和庸常欺骗也将深刻地改变我们与机器的关系,甚至更宽泛地说,改变整个社会生活。与 Alexa、Siri 等智能助手的持续互动不只会让用户更愿意承认人工智能正在承担越来越多的任务,还会影响我们的辨别能力,使我们混淆仅仅提供社交性表象的互动和交流对象真正拥有同理心的互动[11]。因此,随着庸常欺骗机制逐渐融入日常生活的肌理,在社会层面和文化层面上清晰地区分机器和人类将越发困难。此外,人工智能对社会行为习惯的影响也涉及没有机器参与的情况。例如,人们越来越担心对话式人工智能中内嵌的性别、种族和阶级等刻板印象会导致人们在其他情境下不自觉地重现同样的偏见[12]。与之类似,也许儿童和人工智能的互动不仅会影响他们与计算机的关系,也会影响他们与人类的关系,使家庭内外的社会接触动态被重新定义[13]。

深度学习算法的日益发展及其与庸常欺骗的关系也需要进一步审查。正如我在书中所示,庸常欺骗诞生于关于人类的特定知识体系,媒介行业依据这些知识来自我调整,以适应目标用户。例如,设计更可信的聊天机器人和社交媒体机器人需要关于人类对话行为的知识,设计更有效的语音助手需要了解人们对不同类型的声音作何反应[14]。然而,收集用户知识的过程并不具备中立性。庸常欺骗依据的"人类模型"未考虑性别、种族和阶级差异,导致在计算技术的研发中出现了各种形式的偏见与不公。这种现象直到今天依然存在。由此而论,深度学习意义重大。首先,它推动了语音处理等技术的进步,使其模拟语言行为的效果空前绝后;其次,正因有了深度学习,用户建模已可由神经网络自主实现。大量用户行为数据被收集,用于"训练"人工智能,使其能够执行复杂的任务[15]。因此,一个问题出现了:支撑庸常欺骗的人类建模可以(或者说应该)在多大程度上移交给自动化机器代劳?

公平地说,人类建模虽然由算法完成,但这并不意味着开发人员不能控制这些系统。毕竟,深度学习的功能实现十分依赖"喂给"系统的用户数据。因此,分析并纠正制度偏见并非不可能。然而,监管神经网络在技术层面上既昂贵又困难。此外,由于数据已成为一种具有重大价值的商品,企业甚至公共机构可能还不打算放弃其背后的经济利益。从这个意义上讲,深度学习的存在使得思考庸常欺骗和人类建模的影响变得更加迫切和紧要。

为了应对这类风险,计算机科学家、软件开发人员和设计人员必须认真考虑庸常欺骗的潜在后果。这些专家应该开发一系列工具,确保欺骗仅出现在对用户而言真正有用和有利的地方。用约瑟夫·维森鲍姆的话来说,"限定人工智能的适用范围时,不应说'可以怎样'",而要说"应该怎样"[16]。人工智能的开发者需要认真思考欺骗的问题。虽然长久以来,人们一直呼吁要为人工智能界制定更严格的行业标准,以防止 AI 系统靠着欺骗实现所谓的"人性",但欺骗问题仍需被更广泛地讨论[17]。计算机科学家和软件设计师通常不愿意在他们的工作中使用"欺骗"这个词,但他们应该意识到,这个词不仅代表那些更直白、更蓄意的欺骗形式。觉察到人工智能内嵌的"庸常欺骗"机制之后,我们需要在供应商和用户之间建立起公平、透明的道德准则。这些准则不仅应该关注人工智能技术的滥用风险,还应叩问人工智能内嵌的各种设计特征和运作机制将导致怎样的后果。人工智能界还需要重审设计透明化原则和界面友好化原则,琢磨新的方法公开欺骗性的存在,并帮助用户更好地区分庸常欺骗和蓄意欺骗。现在,语音处理和自然语言生成等技术正越来越容易为个人和团体所用,这使上述的所有工作变得更为紧迫。

　　这方面存在一个复杂的问题，即很难将权责归于"智能"系统开发人员。正如大卫·贡克尔所强调的，"罪责的认定并不像第一眼看上去那么简单"，尤其是在技术会刺激用户将主体能动性和个性投射到它们身上的情况下[18]。但无论如何，软件设计总要先有构思，程序员总会致力于制造特定效果[19]。虽然很难确定软件开发者一开始的想法是什么，但我们可以从技术特征及其诞生的经济体制背景出发，追溯重建各种要素，就像我努力对语音助手进行批判分析那样。

　　在进行这样的关键工作时，我们应该记住，对用户形象的任何再现，即企业和相关人员开发对话式人工智能时参考的那个"人类"模型，本身就是在自身偏见和意识形态作用下的文化评估的产物。例如，一家公司决定将女性的名字和声音作为其语音助手的默认配置，这可能是基于对男女声音感知的研究，但这项研究本身就植根于特定的方法体系和文化框架[20]。最后，用户自身具有的主体能动性也不容忽视，它可能会颠覆并重塑我们对人机交互结果的预期。在对开发并传播人工智能技术的程序员和公司进行强调时，也不应否认用户的积极作用。庸常欺骗恰恰要求用户积极参与欺骗，这使得用户成为交互式人工智能系统的功能运作中一个活跃且关键的部分。

　　归根结底，人工智能质疑的是我们究竟是谁，但这不是因为它让我们忘记了何以为人。相反，人工智能告诉我们，易受欺骗是人之所以为人的一个原因。人类有别具一格的能力，可以将意志、智慧和情感投射到他人身上。这既是一种负担，也是一种资源。毕竟，这让我们能够与他人进行有意义的社会交往，但它也使我们容易被可以模拟意志、智慧和情感的非人类对象欺骗。

　　在这个意义上，驾驭庸常欺骗的秘诀在于与计算机和数字媒体互动时，我们需要保持怀疑。不幸的是，完全拒绝人工智能是不现实的，因为即使一个人断开所有设备，人工智能也将继续通过影响他人来间接地影响个体的社会生活[21]。我们可以做的是，在使用 AI 工具获利和对 AI 保持审慎反思之间找到平衡。为了实现这一点，我们必须阻止人工智能欺骗机制的常态化，并抵制数字媒体公司对我们的无声控制。即使我们想让技术融入日常生活，也不应停止叩问和审查它的工作原理。正如玛格丽特·博登指出，用户的缜密和老道程度决定了欺骗能否奏效，对任何形式的欺骗来说都是如此[22]。因此，面对最复杂的技术，我们需要从始至终保持清醒，不断地提升思维能力。

注　释

绪论

1. "Google's AI Assistant Can Now Make Real Phone Calls", 2018, https://www. youtube. com/watch?v＝JvbHu_bVa_g&time_continue＝1&app＝desktop(检索日期为 2020 年 1 月 12 日)。另请参见 O'Leary, "Google's Duplex"。

2. 正如批判媒体学者泽内普·图费克奇(Zeynep Tufekci)在一条广泛流传的 Twitter 上所说。完整内容参见 https://twitter. com/zeynep/status/994233568359575552 (检索日期为 2020 年 1 月 16 日)。

3. Joel Hruska, "Did Google Fake Its Duplex AI Demo?," *Extreme Tech*, 2018 年 3 月 18 日, 参见 https://www. extremetech. com/computing/269497-did-google-fake-its-google-duplex-ai-demo(检索日期为 2020 年 1 月 16 日)。

4. 参见 Minsky, "Artificial Intelligence"; Kurzweil, *The Singularity Is Near*; Dreyfus, *What Computers Can't Do*; Smith, *The AI Delusion*。

5. Smith and Marx, *Does Technology Drive History?*; Williams, *Television*; Jones, "The Technology Is Not the Cultural Form?"。

6. Goodfellow, Bengio and Courville, *Deep Learning*.

7. Benghozi and Chevalier, "The Present Vision of AI. . . or the HAL Syndrome".

8. 参见第二章。

9. Gombrich, *Art and Illusion*.

10. 然而,有一些相对孤立但仍然非常重要的例外。例如,有学者区分了恶意和善意欺骗,并将后者描述为"旨在使用户和开发人员受益的欺骗"。他们指出,这种善意的欺骗"在现实世界的系统设计中无处不在,尽管很少使用这样的字样来描述它们" (Adar, Tan and Teevan, "Benevolent Deception in Human Computer Interaction")。同样,也有学者观察到,将人类用户的心理状态模型嵌入 AI 程序的一个明显结果是,操纵成为可能(Chakraborti and Kambhampati, "Algorithms for the Greater Good!")。从另一个角度出发,有学者将人与机器之间的沟通概念化为"伪沟通",主

128

张重视符号学视角在理解人机交互中的作用（Nake and Grabowski, "Human-Computer Interaction Viewed as Pseudo-communication"）。另可参见 Castelfranchi and Tan, *Trust and Deception in Virtual Societies*；Danaher, "Robot Betrayal"。

11. Coeckelbergh, "How to Describe and Evaluate 'Deception' Phenomena"；Schuetzler, Grimes and Giboney, "The Effect of Conversational Agent Skill on User Behavior during Deception"；Tognazzini, "Principles, Techniques, and Ethics of Stage Magic and Their Application to Human Interface Design"。

12. DePaulo, et al., "Lying in Everyday Life"；Steinel and De Dreu, "Social Motives and Strategic Misrepresentation in Social Decision Making"；Solomon, "Self, Deception, and Self-Deception in Philosophy"；Barnes, *Seeing through Self-Deception*. 对"欺骗"的一个宽泛、传统的定义是"使……相信假的事物"（Mahon, "The Definition of Lying and Deception"）。

13. Acland, *Swift Viewing*.

14. Martin, *The Philosophy of Deception*, p.3；Rutschmann and Wiegmann, "No Need for an Intention to Deceive?".

15. Wrathall, *Heidegger and Unconcealment*, p.60.

16. Hoffman, *The Case against Reality*.

17. Pettit, *The Science of Deception*.

18. Hyman, The Psychology of Deception. 心理学角度关于欺骗的早期著名研究包括：Triplett, "The Psychology of Conjuring Deceptions"；Jastrow, *Fact and Fable in Psychology*。

19. Parisi, *Archaeologies of Touch*；Littlefield, *The Lying Brain*；Alovisio, "Lo schermo di Zeusi"；Sterne, *The Audible Past*.

20. Martin, *The Philosophy of Deception*, p.3.

21. Caudwell and Lacey, "What Do Home Robots Want?".

22. 在社会科学中，"庸常"这一属性也被用于讨论其他话题，较为著名的是迈克尔·毕利希（Michael Billig）对"庸常民族主义"的深刻理论化。尽管它与"庸常欺骗"的概念有一些相似之处，特别是具有日常性、经常被忽略和没有被正确审视这几点。但总体来说，庸常民族主义更像一个有用的灵感来源，而不是本书理论的直接参考。参见 Billig, *Banal Nationalism*；Hjarvard, "The Mediatisation of Religion"（此文提出了"庸常宗教"的概念，并特别提到了毕利希的作品）。

23. 参见 Guzman, "Imagining the Voice in the Machine"；Reeves and Nass, *The Media Equation*；Turkle, *The Second Self*。

24. Guzman, "Beyond Extraordinary".

25. Ekbia, *Artificial Dreams*；Finn, *What Algorithms Want*.

26. Guzman, "Beyond Extraordinary", p.84.

27. Papacharissi, *A Networked Self and Human Augmentics and Artificial Intelligence, Sentience*.

28. Chun, "On 'Sourcery,' or Code as Fetish".

29. Black, "Usable and Useful".

30. Porcheron, et al., "Voice Interfaces in Everyday Life"; Guzman, *Imagining the Voice in the Machine*.

31. Nass and Moon, "Machines and Mindlessness"; Kim and Sundar, "Anthropomorphism of Computers".

32. Langer, "Matters of Mind", p. 289.

33. Guzman, "Making AI Safe for Humans".

34. Black, "Usable and Useful".

35. Ortoleva, *Miti a bassa intensità*. 麦克卢汉使用了"冷媒体"的概念来描述这样的媒体(McLuhan, *Understanding Media*)。

36. Guzman, *Imagining the Voice in the Machine*.

37. Hepp, "Artificial Companions, Social Bots and Work Bots". 关于对机器人看法的讨论,可以参考"恐怖谷"理论,最初由森政弘(Masahiro Mori)在《恐怖谷》(The Uncanny Valley)中提出(原文为日文,发表于 1970 年)。值得注意的是,AI 语音助手的"非具身性"只体现在它们没有像机器人一样可被控制动作的物理"身体"。然而,所有软件在某种程度上都具有物质性,如 AI 语音助手就总是被嵌入智能手机或智能音箱等物质性的人工制品。关于软件的物质性,参见 Kirschenbaum, *Mechanisms*;关于 AI 语音助手,参见 Guzman, "Voices in and of the Machine"。

38. Akrich, "The De-scription of Technical Objects". 此外,还可参见 Feenberg, *Transforming Technology*; Forsythe, *Studying Those Who Study Us*。

39. Chakraborti and Kambhampati, "Algorithms for the Greater Good!".

40. 有趣的是,欺骗不仅在如何使用人类心理感知相关知识的方面起着关键作用,还在如何收集和积累这些知识的方面也起着关键作用。事实上,实验心理学研究离不开各种形式的欺骗,它们被用来误导参与者,使他们对研究的实际目的一无所知(Korn, *Illusions of Reality*)。

41. Balbi and Magaudda, *A History of Digital Media*.

42. Bucher, *If... Then*, p. 68.

43. Towns, "Towards a Black Media Philosophy".

44. Sweeney, "Digital Assistants".

45. Bourdieu, *Outline of a Theory of Practice*.

46. Guzman, "The Messages of Mute Machines".

47. 对于"对话式人工智能"明确而有力的描述,参见 Guzman and Lewis, "Artificial Intelligence and Communication"。

48. Hepp, "Artificial Companions, Social Bots and Work Bots".

49. Guzman, *Human-Machine Communication*; Gunkel, "Communication and Artificial Intelligence"; Guzman and Lewis, "Artificial Intelligence and Communication". 有关人工智能和传播学研究中媒介概念的讨论,参见 Natale, "Communicating with and Communicating Through"。

50. Doane, *The Emergence of Cinematic Time*; Hugo Münsterberg, *The Film: A*

Psychological Study.

51. Sterne, *The Audible Past*; Sterne, *MP3*. 甚至像爱伦·坡(Edgar Allan Poe)这样的著名作家,也在文章《创作哲学》(The Philosophy of Composition)中研究了文学如何通过特定风格和手段来实现某些心理效应(Poe, *The Raven*; *The Philosophy of Composition*)。

52. 正如本章开头提到的有关 Google Duplex 的争议所显示的。

53. Bottomore, "The Panicking Audience"; Martin Loiperdinger, "Lumière's Arrival of the Train"; Sirois-Trahan, "Mythes et limites du train-qui-fonce-sur-les-spectateurs".

54. Pooley and Socolow, "War of the Words"; Heyer, "America under Attack I"; Hayes and Battles, "Exchange and Interconnection in US Network Radio".

55. 然而,也有重要的例外。在对欺骗和媒介研究作出重要贡献的媒介史作品中,值得一提的是 Sconce, *The Technical Delusion* 和 Acland, *Swift Viewing*。

56. 例如,McCorduck, *Machines Who Think*; Boden, *Machines Who Think*。

57. Riskin, "The Defecating Duck, or, the Ambiguous Origins of Artificial Life"; Sussman, "Performing the Intelligent Machine"; Cook, *The Arts of Deception*.

58. Geoghegan, "Visionäre Informatik"; Sussman, "Performing the Intelligent Machine".

59. Gitelman, *Always Already New*; Huhtamo, *Illusions in Motion*; Parikka, *What Is Media Archaeology?*.

60. 这也是为什么对于技术的预测经常失败。关于此,参见 Ithiel De Sola Pool, et al., "Foresight and Hindsight"; Natale, "Introduction: New Media and the Imagination of the Future"。

61. Park, Jankowski and Jones, *The Long History of New Media*; Balbi and Magaudda, *A History of Digital Media*.

62. Suchman, *Human-Machine Reconfigurations*.

63. 关于这一点,可参见 Licklider and Taylor, "The Computer as a Communication Device"。

64. Appadurai, *The Social Life of Things*; Gell, *Art and Agency*; Latour, *The Pasteurization of France*.

65. Edwards, "Material Beings".

66. Reeves and Nass, *The Media Equation*.

67. 参见 Nass and Brave, *Wired for Speech*; Nass and Moon, "Machines and Mindlessness"。

68. 特克尔最具代表性的作品包括 *Reclaiming Conversation*, *Alone Together*, *Evocative Objects*, *The Second Self*, *Life on the Screen*。

第一章

1. 引自 Monroe, *Laboratories of Faith*, p. 86。也可参见 Natale, *Supernatural Entertainments*。

2. Noakes, "Telegraphy Is an Occult Art".

3. "Faraday on Table-Moving".

4. Crevier, *AI*; McCorduck, *Machines Who Think*; Nilsson, *The Quest for Artificial Intelligence*.

5. Martin, "The Myth of the Awesome Thinking Machine"; Ekbia, *Artificial Dreams*; Boden, *Mind as Machine*.

6. Shieber, *The Turing Test*; Saygin, Cicekli and Akman, "Turing Test".

7. Crevier, *AI*.

8. 这些思想家的传记为了解他们的生活、贡献和思想，以及早期的人工智能和计算机历史提供了绝佳的途径。特别是 Soni and Goodman, *A Mind at Play*; Conway and Siegelman, *Dark Hero of the Information Age*; Copeland, *Turing*。

9. McCulloch and Pitts, "A Logical Calculus of the Ideas Immanent in Nervous Activity".

10. 然而，维纳认为数字运算不能完全展现人体内发生的化学和有机反应过程，他主张将模拟性质的过程纳入考虑，以便研究和复制人类大脑(Wiener, *Cybernetics*)。

11. Nagel, "What Is It like to Be a Bat?". 哲学家约翰·塞尔(John Searle)提出了一个驳斥图灵测试的观点，很有影响力。在一篇 1980 年发表的文章中，塞尔构思了一个名为"中文房间"(the Chinese Room)的思想实验，里面有一个精通中文的计算机程序可使用中文与人交流。它的中文好到中文母语者都会将其视为人类。塞尔推断，即使是不会说中文的人，只要坐在"中文房间"里，按照与先前计算机程序一致的指令代码来进行操作，也能达到同样的效果。然而，即使能够通过图灵测试，这个人也无法理解中文，他只是基于规则代码提供了正确的输出，模拟出对中文的理解。塞尔认为这证明了计算机也不可能正确地"理解"中文。他使用"中文房间"来抵制人类可以建造"思考型机器"的狂热信念，后者直到今天依然是人工智能相关讨论的焦点。他相信，人类的智能程度与机器可以做到的程度之间有着不可消弭的差别，这使得模仿人类变成了人工智能唯一有可能实现的目标(Searle, "Minds, Brains, and Programs")。此外，关于为什么无法知晓别人脑中发生了什么，以及这件事对围绕着人工智能的辩论有何影响，参见 Gunkel, *The Machine Question*。

12. 因此，对行为而不是"机器内部发生了什么"的强调不仅得到了图灵的提倡，还得到了其他人工智能早期关键人物的提倡。比如诺伯特·维纳说过，"现在，我们正在观察生物体和机器之间可类比的行为反应。就我们的研究目的而言，'机器是否有生命'这个问题只存在语义上的意义，我们可以随便回答它，怎么方便怎么来"(Wiener, *The Human Use of Human Beings*, p.32)。

13. Turing, "Computing Machinery and Intelligence," p.433.

14. Luger and Chakrabarti, "From Alan Turing to Modern AI".

15. Bolter, "Turing's Man". 关于图灵测试、计算和自然语言，参见 Powers and Turk, *Machine Learning of Natural Language*, p.255.

16. 关于此辩论的概述，包括关键文本和对图灵的回应，参见 Shieber, *The Turing Test*。有些人怀疑图灵此举乃有意为之，以确保文章会引发普遍的反响和争论。这样一来，许多人就不得不思考并讨论"机器智能"的问题了(Gandy, "Human versus

Mechanical Intelligence")。

17. 参见 Levesque, *Common Sense, the Turing Test, and the Quest for Real AI*。

18. 计算机科学家和批判性思想家杰伦·拉尼尔(Jaron Lanier)在这方面是最敏锐的。正如他指出:"测试真正告诉我们的……即使这不一定是图灵所希望的,那就是在人类眼中,机器智能只能在相对意义上被了解。"因此,"你无法确定是机器真的更聪明了,还是说你降低了自己关于智能的标准,以至于机器看起来很聪明"(Lanier, *You Are Not a Gadget*, p. 32)。

19. 正如詹妮弗·李(Jennifer Rhee)指出,在图灵测试中,"成功或失败并不仅仅取决于机器的能力。责任主要在人类身上,或者至少可以说人类和机器都有责任"(Rhee, "Misidentification's Promise")。

20. 参见 Levesque, *Common Sense, the Turing Test, and the Quest for Real AI*。

21. Turing, "Computing Machinery and Intelligence", p. 441. 正如海伦娜·格兰斯托姆(Helena Granström)和博·格兰逊(Bo Göranzon)指出,"图灵并没有说在本世纪末,技术将进步到使机器真正能思考的程度。他说的是:我们对人类思维的理解将向规制化信息处理的方向转变。这种规制化的程度如此之高,以至于不可能再将其与机械过程区分开来"(Granström and Göranzon, "Turing's Man", p. 23)。

22. 这个论点也出现在 Weizenbaum, *Computer Power and Human Reason* 中。

23. Turkle, Life on the Screen, p. 24. 类似于此的文化感知动态变化也体现在特克尔关于儿童和成年人如何感知计算机的研究中。"对于今天的孩子们来说,人与机器的分界线依然清晰完整,但分界线对面存在着什么已经发生了巨大的变化。现在,孩子们已经习惯了无生命物体既能思考,又有自己的性格。但他们不再担心机器是否有生命,因为他们知道它没有。"(p. 83)至于成年人,特克尔的研究得出了这样的结论:"今天,围绕计算机的争议不在于它们的智能程度,而在于它们是否有生命。"(p. 84)玛格丽特·博登还注意到用来指代计算机的词语发生了变化:"用心理学术语来谈论计算机已成为常态。"(Boden, *Minds as Machines*, p. 1356)

24. 有关这一点,参见 Lamont, *Extraordinary Beliefs*。

25. Peters, *Speaking into the Air*.

26. Turkle, *Alone Together*.

27. Ceruzzi, *A History of Modern Computing*.

28. 当然,这个想法早已出现在新兴的计算机文化中。例如,控制论的支持者认为人类和机器都是传播—反馈环路系统的一部分,这在许多方面预见了计算机随后的发展(Wiener, *The Human Use of Human Beings*)。但是,在计算机领域的早期著作中,很少有人像图灵的《计算机器与智能》那样生动地想象了未来的计算机如何与人类互动。

29. Garfinkel, *Architects of the Information Society*.

30. Gunkel, *Gaming the System*, p. 133.

31. Christian, *The Most Human Human*, p. 37; Bratton, "Outing Artificial Intelligence: Reckoning with Turing Test".

32. Enns, "Information Theory of the Soul".

33. Turing, "Computer Machinery and Intelligence", p. 434.

34. Gitelman, *Scripts, Grooves, and Writing Machines*; Kittler, *Gramophone, Film, Typewriter*.

35. 通过实现一种匿名的、非具身性的交流,图灵测试还凸显了以互联网为中介的沟通行为。当代读者可以自然而然地将图灵测试的场景与现在网络上常常遇到的情境联系起来。在聊天室、网络论坛或社交媒体上,当交流仅限于文本,当其他用户的身份只能通过昵称和头像来传达,人们很难确定对方是否在假扮其想要成为的人——这与图灵测试的目标非常契合。

36. Copeland, *The Essential Turing*, p. 420.

37. McLuhan, *Understanding Media*.

38. 媒介考古学家埃尔基·胡塔莫证实,人们对技术创新带来的人形模拟变化的思考触发了这些想象(Huhtamo, "Elephans Photographicus")。

39. Copeland, *The Essential Turing*, p. 420.

40. Guzman, "Voices in and of the Machine".

41. "图灵本人总是小心地称其为'游戏',将之称为测试是对图灵本意的重要拓展。"(Whitby, "The Turing Test", p. 54)

42. 梅雷迪思·布鲁萨德(Meredith Broussard)最近指出,这是因为计算机科学家"更喜欢特定类型的游戏和难题"(Broussard, *Artificial Unintelligence*, p. 33)。另可参见 Harnad, "The Turing Test Is Not a Trick"。

43. Johnson, *Wonderland*.

44. Soni and Goodman, *A Mind at Play*; Weizenbaum, "How to Make a Computer Appear Intelligent"; Samuel, "Some Studies in Machine Learning Using the Game of Checkers".

45. Newell, Shaw and Simon, "Chess-Playing Programs and the Problem of Complexity". 在提出模仿游戏之前,图灵曾建议将国际象棋作为人工智能的潜在试验平台(Turing, "Lecture on the Automatic Computing Engine", p. 394; Copeland, *The Essential Turing*, p. 431)。

46. Ensmensger, "Is Chess the Drosophila of Artificial Intelligence?".

47. Kohler, *Lords of the Fly*.

48. Rasskin-Gutman, *Chess Metaphors*; Dennett, "Intentional Systems".

49. Ensmenger, "Is Chess the Drosophila of Artificial Intelligence?", p. 7; Burian, "How the Choice of Experimental Organism Matters: Epistemological Reflections on an Aspect of Biological Practice".

50. Franchi, "Chess, Games, and Flies"; Ensmensger, "Is Chess the Drosophila of Artificial Intelligence?"; Bory, "Deep New".

51. 正如亚历山大·加洛威(Alexander Galloway)所说,"如果没有行动,游戏只是一本抽象的规则说明书"(Galloway, *Gaming*, p. 2)。另可参见 Fassone, *Every Game Is an Island*。此外,游戏理论的一个原则是,即使玩家的行动可以被抽象并形式化为关于有效策略的数学理论,也只有实实在在地玩游戏这一条路能激活这个过程(Juul,

Half-Real）。

52. Friedman, "Making Sense of Software".

53. Laurel, *Computers as Theatre*, p.1.

54. Galloway, *Gaming*, p.5. 对这个论点的批评指出了意图心的问题和用于理解特定情境和行动的解释框架的问题。尽管在可观察到的行为层面上，计算机与人类玩家看似相同，但只有后者才有能力区分游戏性的活动和非游戏性的活动，如了解玩战争游戏和挑起实际的战争之间的区别。然而，人们可以通过图灵测试试图展现的行为立场来回应这个批评，即强调关注机器内部发生的问题，而不是表现出来的行为（Bateson, "A Theory of Play and Fantasy"; Goffman, *Frame Analysis*）。

55. Galloway, *Gaming*.

56. Dourish, *Where the Action Is*.

57. Christian, *The Most Human Human*, p.175.

58. Block, "The Computer Model of the Mind".

59. Korn, *Illusions of Reality*.

60. 参见第五章，勒布纳奖竞赛自 20 世纪 90 年代初以来每年举办一次，计算机程序员会为自己设计的聊天机器人报名参赛，并希望它们通过图灵测试。

61. Geoghegan, "Agents of History". 同样，拉尼尔观察到，国际象棋和计算机都起源于战争工具：" 好胜心在计算机科学和国际象棋中都很明显，当它们被聚在一起，肾上腺素就会飙升。"(Lanier, *You Are not a Gadget*, p.33)

62. Copeland, "Colossus".

63. Whitby, "The Turing Test".

64. Goode, "Life, but Not as We Know It".

65. Huizinga, *Homo Ludens*, p.13.

66. 这与 Siri 和 Alexa 等现代系统带来的用户体验一致，即它们可以与人类用户谈笑风生、亲切互动，这对人工智能模拟人性的界限和潜力提出了质疑（Andrea L. Guzman, "Making AI Safe for Humans"）。

67. 学者们认为这与图灵对如何定义性别的内在关注有关。参见 Shieber, *The Turing Test*, p.103; Bratton, "Outing Artificial Intelligence". 性别呈现和聊天机器人参与图灵测试的表现将在第五章中得到进一步讨论。

68. Hofer, *The Games We Played*.

69. Dumont, *The Lady's Oracle*.

70. Ellis, *Lucifer Ascending*, p.180.

71. 参见 Natale, *Supernatural Entertainments*, 尤其是第二章。安东尼·恩斯（Anthony Enns）最近指出，图灵测试 " 类似于一场灵媒降神会。在这场集会上，参会者试图通过提问来确定一个看不见的灵魂是否曾属于人类。就像那些据说出现在降神会上的灵魂一样，人工智能也被描述为存在于非物质面向上的无形实体，只能通过媒体技术进行访问。而且，就像参加灵媒降神会的人经常难以确定从灵魂处收到的讯息是否可以被视为它们真正存在的证据一样，科学家和工程师也经常难以确定从机器那里收到的回复是否可以被视为智能真实存在的证据。换句话说，这两个现象在结构上相似，因为它们假定身份与信息之间没有本质差异，真正的智能与模拟的智能之间也没有本质差异，这使得人类与机器无法被区分"（Enns, "Information Theory of the Soul"）。

72. Lamont, *Extraordinary Beliefs*.

73. 据称，美国演艺先驱巴纳姆观察到，"即使人们意识到自己正在被欺骗，也似乎仍愿意被逗乐"（Cook, *The Arts of Deception*, p.16）。

74. 参见 Von Hippel and Trivers, "The Evolution and Psychology of Self Deception"。

75. Marenko and Van Allen, "Animistic Design".

76. McLuhan, *Understanding Media*.

77. Guzman and Lewis, "Artificial Intelligence and Communication".

78. 参见 Leja, *Looking Askance*; Doane, *The Emergence of Cinematic Time*; Sterne, *MP3*。

第二章

1. Kline, "Cybernetics, Automata Studies, and the Dartmouth Conference on Artificial Intelligence"; Hayles, *How We Became Posthuman*.

2. 参见 Crevier, *AI*。

3. Solomon, *Disappearing Tricks*; Gunning, "An Aesthetic of Astonishment". 乔治·梅里爱（Georges Méliès）这样的表演魔术师便是最早的一批电影放映者和制片人之一，许多早期观众将看电影视为体验魔术表演（Barnouw, *The Magician and the Cinema*; North, "Magic and Illusion in Early Cinema"; Leeder, *The Modern Supernatural and the Beginnings of Cinema*）。

4. During, *Modern Enchantments*.

5. Chun, *Programmed Visions*. 正因如此，算法在日常生活中的应用总带着一丝惊悚悬疑感。有时候，当人们发现数字平台预测出自己的喜好或搜索内容时，不禁会怀疑亚马逊或谷歌是否正在解读自己的内心想法（Natale and Pasulka, *Believing in Bits*）。

6. Martin, "The Myth of the Awesome Thinking Machine". 科幻电影和文学作品也引起了公众对于人工智能的兴奋。关于人工智能想象、虚构文学与电影的关系，参见：Sobchack, "Science Fiction Film and the Technological Imagination"; Goode, "Life, but Not as We Know It"; Bory and Bory, "I nuovi immaginari dell' intelligenza artificiale".

7. Martin, "The Myth of the Awesome Thinking Machine", p.129.

8. 正如人工智能历史学家哈米德·艾克比亚（Hamid Ekbia）指出："人工智能与其他学科的区别在于，其从业者以系统化的方式将术语和概念从一个领域'翻译'到另一个领域。"（Ekbia, *Artificial Dreams*, p.5）另可参见 Haken, Karlqvist and Svedin, *The Machine as Metaphor and Tool*。

9. Minsky, *Semantic Information Processing*, p.193.

10. Minsky, *Semantic Information Processing*.

11. 关于类比和隐喻在科学话语中的作用,参见 Bartha, "Analogy and Analogical Reasoning"。在比较人工生命与生物生命时,我们甚至可以去关注超越单纯理性思维界限的人性因素,如感情和情绪。例如,《新科学家》(*New Scientist*)于 1971 年发表了文章《日本机器人有真实的感觉》(Japanese Robot Has Real Feeling)。认真阅读这篇文章后,我们可以看出实验关注的问题不是人类的情感,而是机器人通过接触物体获取信息以模拟触觉感知的能力。作者利用"感觉"和"情感"这两个词的语义歧义,暗示了人类的情感远超基本的触觉刺激,并在报道中增加了大量耸人听闻的内容(Anonymous, "Japanese Robot Has Real Feeling", p. 90; Natale and Ballatore, "Imagining the Thinking Machine")。

12. Hubert L. Dreyfus, *What Computers Can't Do*, pp. 50 - 51.

13. 哲学家约翰·豪格兰(John Haugeland)将这种方法称为"传统人工智能"(Good Old-Fashioned Artificial Intelligence,简称 GOFAI),以区别于后来出现的亚符号、连接主义和统计技术(Haugeland, *Artificial Intelligence*)。

14. "黑箱"这一概念适用于描述那些鲜少或根本不提供内部运作信息的技术,所以既适用于计算机,也适用于人脑。

15. 引自 Smith, *The AI Delusion*, p. 23. 他的观点与维森鲍姆的担忧相呼应。后者认为计算机科学家在准确地传达计算系统的功能和能力方面负有一定责任(Weizenbaum, *Computer Power and Human Reason*)。

16. 更多深入讨论,参见 Natale and Ballatore, "Imagining the Thinking Machine"。

17. Minsky, "Artificial Intelligence", p. 246. 关于明斯基的科技沙文主义,参见 Broussard, *Artificial Unintelligence*。

18. 在一篇高引用量的文章中,保罗·阿姆(Paul Armer)将目标设定为分析用户对人工智能的态度,以期"改善围绕机器或人工智能领域的研究环境"(Armer, "Attitudes toward Intelligent Machines", p. 389)。

19. McCorduck, *Machines Who Think*, p. 148.

20. Messeri and Vertesi, "The Greatest Missions Never Flown". 摩尔定律是计算机科学领域的一个典型案例,说明了对未来成就的预测可能会激励特定研究团体为了实现特定标准而朝着特定方向努力,同时又确保其努力维持在明确的边界之内。参见 Brock, *Understanding Moore's Law*。

21. 知名的例子包括:Kurzweil, *The Singularity Is Near*; Bostrom, *Superintelligence*。关于小说的例子不胜枚举,电影有《终结者》(*The Terminator*)系列,《她》(*Her*, 2013)和《机械姬》(*Ex Machina*, 2014)。

22. Broussard, Artificial Unintelligence, p. 71; Stork, *HAL's Legacy*.

23. McLuhan, *Understanding Media*.

24. Doane, *The Emergence of Cinematic Time*; Münsterberg, *The Film*.

25. Sterne, *The Audible Past*; Sterne, *MP3*.

26. 在对 20 世纪 80 年代之前的人机交互设计历史进行概述时,乔纳森·格鲁丁(Jonathan Grudin)认为,"'用户界面'的所在之处早已不在计算机内,而是向外深入渗透至用户及其工作环境"。研究焦点从如何对早期大型计算机的硬件进行直接操

控,发展至运用编程语言和软件来实现各层次的抽象,继而发展至研发适配用户感
知能力的视频终端和其他设备,再到于更广泛的意义上尝试匹配认知功能,最后终
于将界面扩展到更为广泛的社会环境和用户群体(Grudin, "The Computer Reaches
Out", p. 246)。想了解人机交互史并且意识到在计算机诞生之前这个领域就已经有
历史的话,参见 Mindell, *Between Human and Machine*。

27. 这尤其适用于计算机科学发展的最初几十年,当时人机交互尚未形成独立的子领域。
然而,人机交互所涉及的问题始终与人工智能密切相关。尽管在某些情境下将两者
区分开以解决特定问题可能颇具成效,但只有考虑到人工智能和人机交互的相似之
处,我们才能充分理解人工智能和沟通的紧密联系(Grudin, "Turing Maturing";
Dourish, *Where the Action Is*)。

28. 马文·明斯基在 1961 年的一篇文章的结尾道歉时说,虽然"我们在此仅探讨了一定
程度上可独立解决问题的程序,但在撰写本文时,在构建可用的分时或多程序计算
系统方向上,我们已经看到了积极的进展。这些系统将使人类与大型计算机的实时
配合变得更为经济、高效。这意味着我们可以致力于开发实际上属于'思维辅助工
具'的编程。在未来的几年里,我们预期这些人机系统将协助我们实现'人工智能',
甚至在一段时间内成为朝此方向发展的主要推力"(Minsky, "Steps toward Artificial
Intelligence", p. 28)。

29. 关于这一点,可参考 Guzman, *Human-Machine Communication*; Guzman and
Lewis, "Artificial Intelligence and Communication"。

30. Licklider, "Man-Computer Symbiosis". 关于利克莱德的文章对当时人工智能和计算
机科学的影响,可参考 Edwards, *Closed Worlds*, p. 266。虽然利克莱德的文章将共
生关系的概念带到计算机科学领域的核心,但在控制论及早期将计算机视为信息处
理和共享设备的研究中,也曾出现过类似的观点(Bush, "As We May Think";
Hayle, *How We Became Posthuman*)。在人工智能范围之外,有关计算机与传播之
间关系的研究路径,如人体工程学和计算机支持的协同工作等,参见 Meadow, *Man-
Machine Communication*。

31. Licklider, "Man-Computer Symbiosis", p. 4。

32. Hayles, How We Became Posthuman.

33. Shannon, "The Mathematical Theory of Communication"; Wiener, *Cybernetics*. 有趣
的是,随着电子媒体的发展,人们在 19 世纪就产生了沟通具有非具身性的认知。这
也刺激了某些鬼神灵性观念的出现,因为它意味着沟通可以摆脱物质属性。这种观
念与信息论有所关联,正如安东尼·恩斯在文章《灵魂信息论》(Information Theory
of the Soul)中所示。另外,可参见 Carey, *Communication as Culture*; Peters,
Speaking into the Air; Sconce, *Haunted Media*。

34. Hayles, *How We Became Posthuman*; McKelvey, *Internet Daemons*, p. 27. 如前所
述,早期人工智能的关键原则是,理性思维是一种计算形式,它可以通过符号逻辑编
入计算机中并进行复制。

35. Suchman, *Human-Machine Reconfigurations*.

36. 参见 Carbonell, Elkind and Nickerson, "On the Psychological Importance of Time in

a Time Sharing System"; Nickerson, Elkin and Carbonell, "Human Factors and the Design of Time Sharing Computer Systems".

37. 在计算机时代初期,安装在大学及其他机构中的大型计算机每次仅能处理一个进程。程序是分批执行的,每个程序在特定时间内占用了计算机的全部资源。这意味着研究人员必须轮流使用计算机。随后,逐渐出现了一种名为"分时"的新方法。与以前的系统相比,分时系统允许多个用户同时访问计算机。这使用户感觉计算机似乎在实时响应,开辟了人机交互新模式,并让更多的人得以接触计算机系统。

38. Simon, "Reflections on Time Sharing from a User's Point of View", p. 44.

39. Greenberger, "The Two Sides of Time Sharing".

40. Ibid., p.4.麻省理工学院 MAC 项目研究员格林伯格指出,分时系统可以分为两个不同层面,即系统和用户。麻省理工学院 MAC 项目的首字母缩写反映了系统与用户的区别,即多重访问计算机(multi-access computer)指的是物理工具或系统,计算机辅助认知(machine-aided cognition)则表达了用户期望(p. 2)。

41. Broussard, *Artificial Unintelligence*; Hicks, *Programmed Inequality*.

42. Weizenbaum, "How to Make a Computer Appear Intelligent", p. 24.文章的第三部分讨论了维森鲍姆在自然语言处理、聊天机器人和欺骗性方面的工作。

43. Minsky, "Some Methods", p. 6.

44. Ibid.

45. Minsky, "Problems of Formulation for Artificial Intelligence", p. 39.

46. 例如,在 1966 年发表于《科学美国人》的一篇文章中,这位麻省理工学院的科学家毫不掩饰地表达了他对人工智能前景的乐观态度:"一旦我们开发出具有自我改进能力的程序,将会拉开迅速的进化过程的序幕。伴随着机器不断改进自身及其自我模型,我们将开始观察到与'意识''直觉'及'智能'等术语相关的诸多现象。距离这一临界点有多近尚难以判断,但一旦跨过这个门槛,世界将发生天翻地覆的变化。"(Minsky, "Artificial Intelligence", p. 260)

47. Pask, "A Discussion of Artificial Intelligence", p. 167.

48. Ibid., p. 153.

49. Geoghegan, "Agents of History".当然,尽管没有涉及超自然事件,但香农还是选择用心灵学(parapsychology)的术语来说明他的机器是如何工作的。在 19 世纪末,读心术已成为心灵学和心理学研究的主要课题,它指人类可能通过超感官方式进行交流。通过使用"读心机"的概念,香农隐喻了计算机器利用统计数据来预测人类行为的能力,但同时他也间接提到了关注各种幻想迷思和奇幻神话的超自然现象领域。参见 Natale, "Amazon Can Read Your Mind"。

50. Musès, *Aspects of the Theory of Artificial Intelligence*; Barad, *Meeting the Universe Halfway*.

51. McCarthy, "Information", p. 72.

52. Minsky, "Some Methods"; Weizenbaum, *Computer Power and Human Reason*, p. 189.

53. Manon, "Seeing through Seeing Through"; Couldry, "Liveness, 'Reality,' and the

Mediated Habitus from Television to the Mobile Phone".

54. Emerson, *Reading Writing Interfaces*.

55. 20 世纪 90 年代，计算机科学家布伦达·劳雷尔将人机交互比作对话。她认为，分时为人机交互增加了对话属性，使机器和人类能够建立"共识基础"（Laurel, *Computer as Theater*, p.4）。

56. Greenberger, "The Two Sides of Time Sharing".

57. Ceruzzi, *A History of Modern Computing*, p.154.

58. McCorduck, *Machines Who Think*, pp.216 – 217.

59. 克里斯汀·约根森（Kristine Jørgensen）将界面定义为"不同领域之间的联系，在人机交互中，界面是系统中允许用户与计算机互动的那部分"（Jørgensen, *Gameworld Interfaces*, p.3）。另可参见 Hookway, *Interface*, p.14。

60. Emerson, *Reading Writing Interfaces*, p.x; Galloway, *The Interface Effect*.

61. Chun, *Programmed Visions*, p.66.

62. Laurel, *Computers as Theatre*, pp.66 – 67.

63. Hookway, *Interface*, p.14.

64. Oettinger, "The Uses of Computers", p.162.

65. Ibid., p.164.

66. Black, "The Uses of Computers".

67. 实际上，魔术师在表演魔术时也采用了类似的方式，即通过隐藏技术本质，使观众无法知晓错觉的来源（Solomon, *Disappearing Tricks*）。

68. Emerson, *Reading Writing Interfaces*, p.xi.

69. 正如卡洛·斯科拉里（Carlo Scolari）强调的，界面透明性是现代界面设计的乌托邦愿景。但是，现实并非乌托邦，因为即使是最简单的交互示例也隐藏着充斥解释性谈判和认知过程的复杂网络。因此，界面从来都不是中立或透明的（Scolari, *Las leyes de la interfaz*）。

70. Geoghegan, "Visionäre Informatik".

71. 参见 Collins, *Artifictional Intelligence*。

第三章

1. Guzman, "Making AI Safe for Humans".

2. Leonard, *Bots*, pp.33 – 34.

3. Russell and Norvig, *Artificial Intelligence*.

4. McCorduck, *Machines Who Think*, p.253.

5. Zdenek, "Rising Up from the MUD", p.381.

6. Weizenbaum, "ELIZA".关于 ELIZA 功能详细且易懂的解释，参见：Pruijt, "Social Interaction with Computers"; Wardrip-Fruin, *Expressive Processing*, pp.28 – 32。

7. Uttal, *Real-Time Computers*, pp.254 – 255.

8. Weizenbaum, "ELIZA".

9. Weizenbaum, "How to Make a Computer Appear Intelligent".

10. Crevier, *AI*, p.133.丹尼尔·克雷维尔（Daniel Crevier）说，维森鲍姆在交谈中告诉他自己的职业生涯以"做一个骗子"开始："该程序使用了一种非常简单且没有任何前瞻性的策略，但它可以击败任何以同样稚嫩的水平玩游戏的人，因为大多数人从未玩过这个游戏，所有人都没有……从某种程度上说，这个程序是 ELIZA 的前身，它确立了我作为一个江湖骗子的地位。但是，硬币的另一面是，我对此毫不隐瞒。我的想法是创造计算机具有智能的强烈错觉。在论文中，我费了很大劲来解释这些程序没有什么幕后故事，机器并没有在思考。我很好地解释了我使用的策略，足以让任何人都能依此编写出该程序。后来，ELIZA 面世时我也做了同样的事"（p.133）。

11. Weizenbaum, "How to Make a Computer Appear Intelligent".

12. Weizenbaum, "Contextual Understanding by Computers".这个元素暗含在图灵的提案中。正如布鲁斯·埃德蒙兹（Bruce Edmonds）指出，"图灵测试的优雅之处在于，它关注实现智能所需的角色塑造能力，而不是技术机制要求。用生物学的语言来说，图灵明确地指出了智能必须占据的生态位，而不是其生物解剖结构。图灵选择的生态位是一个社会角色，即机器是否能让人感到熟悉和认同，甚至让人将其与人类智能相混淆"（Edmonds, "The Constructibility of Artificial Intelligence（Defined by the Turing Test）", p.419）。

13. Weizenbaum, "ELIZA", p.37.脚本的概念后来成为描述对话软件技术的常见修辞手法，这些技术通常借用戏剧对白的惯例来展示用户与程序的交互（Zdenek, "Artificial Intelligence as a Discursive Practice", p.353）。此外，心理学中的脚本理论认为，人类行为受到模式（称为脚本）的影响。这些模式为行动提供了程序。人工智能研究已经运用该概念，以实现复制人类行为的目标。参见 Schank and Abelson, *Scripts, Plans, Goals, and Understanding*。还可以参考行动者网络理论中脚本概念的使用，尤其是 Akrich, "The De-scription of Technical Objects"。

14. 在与人工智能历史学家丹尼尔·克雷维尔的一次对话中，维森鲍姆告诉克雷维尔，"他最初设想 ELIZA 是一名酒保，但后来觉得精神科医生更有趣"（Crevier, *AI*, p.136）。

15. Weizenbaum, "ELIZA", pp.36 – 37.

16. Shaw, *Pygmalion*.欲了解 1964 年乔治·库克（George Cukor）执导的电影《窈窕淑女》（*My Fair Lady*）[该电影改编自《卖花女》（*Pygmalion*）]对人工智能而言有何意义，参见 Mackinnon, "Artificial Stupidity and the End of Men"。

17. Weizenbaum, *Islands in the Cyberstream*, p.87.

18. Weizenbaum, "ELIZA", p.36; Mackinnon, "Artificial Stupidity and the End of Men".

19. Weizenbaum, *Islands in the Cyberstream*, p.88.

20. Weizenbaum, *Computer Power and Human Reason*, p.188.

21. Weizenbaum, "Contextual Understanding by Computers", p.475; Weizenbaum, *Islands in the Cyberstream*, p.190.正如露西·萨奇曼指出的，ELIZA"利用了有些共识不需言明的原则，即我们在对话中说得越少，人们便越觉得那些已经说出的内容在含义和意义上应显而易见……反过来说，如果在没有详细说明的情况下就发表评论，则意味着存在对话双方都默认的背景前提。人们提供的详细说明或论证越多，透明性或自明性就越低；详细说明越少，信息接受者就越会认为对方所说的意思应该是显而易见的"（*Human-Machine Reconfigurations*, p. 48）。

22. 参见 Murray, *Hamlet on the Holodeck*; Christian, *The Most Human Human*。

23. Lakoff and Johnson, "Metaphors We Live By".

24. Weizenbaum, *Computer Power and Human Reason*, p. 189.

25. Ibid., p. 190.

26. Edgerton, *Shock of the Old*; Messeri and Vertesi, "The Greatest Missions Never Flown"; Natale, "Unveiling the Biographies of Media".

27. Edgerton, *Shock of the Old*, pp. 17 – 18.

28. Christian, *The Most Human Human*, pp. 263 – 264; Bory, "Deep New".

29. Zachary, "Introduction", p. 17.

30. Boden, *Mind as Machine*, p. 743; Barr, "Natural Language Understanding".

31. Weizenbaum, "ELIZA". 有学者强调，"任何人造物的构造都包括隐含的认知立场"（Luger and Chakrabarti, "From Alan Turing to Modern AI", p. 321）。

32. Martin, "The Myth of the Awesome Thinking Machine".

33. Weizenbaum, "On the Impact of the Computer on Society".

34. Weizenbaum, *Islands in the Cyberstream*, p. 89.

35. Brewster, *Letters on Natural Magic*. 这一传统可谓与控制论及人工智能历史密切相关，如克劳德·香农打造的许多用以展示"编程技巧"的趣味装置，以及福斯特（Heinz von Foerster）生物计算实验室中的"活原型"。参见 Soni and Goodman, *A Mind at Play*, pp. 243 – 253; Müggenburg, "Lebende Prototypen und lebhafte Artefakte"。

36. Weizenbaum, Islands in the Cyberstream, p. 89.

37. 这段逸事的性别维度也不容忽视，从 ELIZA 到亚马逊的 Alexa，聊天机器人都被赋予性别化的身份（Zdenek, "Rising Up from the MUD"）。

38. Boden, *Mind as Machine*, p. 1352.

39. Turkle, *The Second Self*, p. 110.

40. Benton, *Literary Biography*; Kris and Kurz, *Legend, Myth, and Magic in the Image of the Artist*; Ortoleva, "Vite Geniali".

41. Sonnevend, *Stories without Borders*.

42. Wilner, Christopoulos, Alves and Guimarães, "The Death of Steve Jobs", p. 430.

43. Spufford and Uglow, *Cultural Babbage*.

44. Martin, "The Myth of the Awesome Thinking Machine"; Bory and Bory, "I nuovi immaginari dell' intelligenza artificiale".

45. Crevier, *AI*.

46. Weizenbaum, "ELIZA", p. 36.

47. Wardrip-Fruin, *Expressive Processing*, p. 32.

48. Colby, Watt and Gilbert, "A Computer Method of Psychotherapy", pp. 148 – 152. PARRY 被描述为"有态度的 ELIZA"，并被编程为扮演偏执狂的角色。其有效性常

通过医生是否知道自己诊断的是计算机程序来衡量(Boden, *Minds and Machines*, p.370)。一些人认为 PARRY 比 ELIZA 更优秀,因为"它有个性",参见 Mauldin, "ChatterBots, TinyMuds, and the Turing Test", p.16.不过,尽管 ELIZA 不愿意更多地依据用户输入来互动,它也有自己的个性。ELIZA 在设计上更加简单,因为维森鲍姆想要证明即使是一个非常简单的系统,也可能被用户认为拥有"智能"。

49. McCorduck, *Machines Who Think*, pp.313 – 315.

50. Weizenbaum, "On the Impact of the Computer on Society"; Weizenbaum, *Computer Power and Human Reason*, pp. 268 – 270; Weizenbaum, *Islands in the Cyberstream*, p.81.

51. Weizenbaum, *Computer Power and Human Reaso*, pp.269 – 270.

52. Weizenbaum and Joseph, "The Tyranny of Survival: The Need for a Science of Limits", *New York Times*, 3 March 1974, p.425.

53. 其中,一个有趣的例子是 Wilford, "Computer Is Being Taught to Understand English".

54. Weizenbaum, "Contextual Understanding by Computers", p.479; Geoghegan, "Agents of History", p.409; Suchman, *Human-Machine Reconfigurations*, p.49.

55. Weizenbaum, *Computer Power and Human Reason*.

56. Weizenbaum, "Letters: Computer Capabilities", p.201.

57. Davy, "The Man in the Belly of the Beast", p.22.

58. 约翰斯顿(John Johnston)运用"计算装配体"的概念来论证"每台计算机都被视作一种物质装配体(一个物理设备)和一种独特话语的结合。这种话语解释并正当化了机器的操作和目的。简单来说,计算装配体由机器及其相关话语组成,它们共同决定了这台机器的行为和为什么这么做"(Johnston, *The Allure of Machinic Life*, p.x)。

59. Weizenbaum, *Computer Power and Human Reason*, p.269.

60. McCorduck, *Machines Who Think*, p.309.

61. Weizenbaum, *Computer Power and Human Reason*, p.157.卢克·古德(Luke Goode)最近间接地与维森鲍姆展开了隔空对话。他认为隐喻和叙事(尤其是小说)确实有助于提高公众对人工智能的理解,从而有益于对这些技术展开治理(Goode, "Life, but Not as We Know It")。

62. Hu, *A Prehistory of the Cloud*; Peters, *The Marvelous Cloud*.

63. Kocurek, "The Agony and the Exidy"; Miller, "Grove Street Grimm".

64. 例如,"The 24 Funniest Siri Answers That You Can Test with Your iPhone"。

65. Murray, *Hamlet on the Holodeck*, pp.68,72.

66. Wardrip-Fruin, *Expressive Processing*, p.24.

67. 我发现所有的 ELIZA 副本均采用了 JavaScript 技术。由于代码的可重复性,这种做法原则上可以提供一个可靠的 ELIZA 副本。但是,对于像 Siri 和 Alexa 这样的现代 AI 系统而言就并不完全适用了。这些系统能够运用机器学习技术不断提升自身性能,所以它们永远不会相同。在这个方面,它们与人类相似,因为人类的生理和心理也在不断变化。这种特性使得在某种意义上而言,这些系统在任何不同的时间点都是"不同"的。杰夫·什拉格(Jeff Shrager)的网站提供了相当全面的与 ELIZA 重建和学术谱系相关的内容(Shrager, "The Genealogy of Eliza")。

68. Boden, *Minds and Machines*, p.1353.

69. Marino, "I, Chatbot", p.8.

70. Turner, *From Counterculture to Cyberculture*; Flichy, *The Internet Imaginaire*; Streeter, *The Net Effect*.

71. King, "Anthropomorphic Agents", p.5.

72. Wardrip-Fruin, *Expressive Processing*, p.32.

73. 有趣的是,诺亚·沃德瑞普弗洛因还指出,随着互动的进行,ELIZA 以这种方式制造出的效果逐渐消失,聊天机器人的局限性变得明显,用户对其内部工作流程的理解得到了提高。"值得注意的是,在这种情况下,大多数旨在表现出智能的控制系统只允许极其有限的交互方法。"(Wardrip-Fruin, *Expressive Processing*, p.37)第五章将进一步探讨这方面的影响,并聚焦于勒布纳奖竞赛和为了通过图灵测试而被开发出的聊天机器人。正如我即将论述的,勒布纳奖在对话上设下的限制包括诸如游戏规则、谈话主题和交流媒介等背景要素,也包括聊天机器人开发者为了避开那些可能暴露程序身份的询问而有意采取的策略元素。

74. Turkle, The Second Self.

75. "搜索引擎真正地了解你想要什么吗? 还是你在迁就它,通过降低自己的标准来让它显得聪明呢? 尽管可以预见,人类的观点会因为与深刻的新技术的接触而发生改变,但视机器智能为真实还有些脱离现实。"(Lanier, *You Are Not a Gadget*, p.32)

76. Turkle, *The Second Self*, p.110.

77. Weizenbaum, *Computer Power and Human Reason*, p.11.

78. Bucher, "The Algorithmic Imaginary".

79. Zdenek, "Artificial Intelligence as a Discursive Practice", pp.340,345.

80. Dembert, "Experts Argue Whether Computers Could Reason, and If They Should".

第四章

1. Suchman, *Human-Machine Reconfigurations*; Castelfranchi and Tan, Trust and Deception in Virtual Societies.

2. Lighthill, "Artificial Intelligence".

3. Dreyfus, *Alchemy and Artificial Intelligence*; Dreyfus, *What Computers Can't Do*.

4. Crevier, *AI*; Natale and Ballatore, "Imagining the Thinking Machine".

5. Crevier, *AI*; McCorduck, *Machines Who Think*; Ekbia, *Artificial Dreams*.

6. Turkle, *Life on the Screen*. 特克尔认为,20 世纪 80 年代出现的一种新趋势是"从界面价值角度看待事物"。因此,只要计算机程序能够有效运作,就可以将它们视为能够进行交流的社会行动者。人们对计算机观念的转变与更广泛的技术和社会变革紧密相关,关于数字媒体社会想象的历史研究为此提供了支持。斯特里特(Thomas Streeter)和特纳(Fred Turner)等学者已经有力地证明,20 世纪 80 年代初个人电脑的出现和 20 世纪 90 年代后期互联网的出现极大地改变了围绕着这些"新"媒体的文化环境（Streeter, *The Net Effect*; Turner, *From Counterculture to Cyberculture*）。此外，还可参见 Schulte, *Cached*; Flichy, *The Internet Imaginaire*; Mosco, *The Digital Sublime*。

7. Williams, Television.

8. Mahoney, "What Makes the History of Software Hard".

9. 有关如何研究软件历史的进一步讨论，参见：Frederik Lesage, "A Cultural Biography of Application Software"; Mackenzie, "The Performativity of Code Software and Cultures of Circulation"; Balbi and Magaudda, *A History of Digital Media*; 以及我本人的"If Software Is Narrative"。

10. Hollings, Martin and Rice, *Ada Lovelace*; Subrata Dasgupta, *It Began with Babbage*.

11. Manovich, "How to Follow Software Users".

12. Leonard, *Bots*, p. 21.

13. McKelvey, *Internet Daemons*.

14. Krajewski, *The Server*, pp. 170 – 209.

15. Chun, "On Sourcery, or Code as Fetish", p. 320. 后来，诺伯特·维纳将这个概念引入他的控制论研究，通过该概念阐明信息处理中的意义创造（Wiener, *Cybernetics*）。另可参见 Leff and Rex, *Maxwell's Demon*。

16. Canales and Krajewski, "Little Helpers", p. 320.

17. McKelvey, *Internet Daemons*, p. 5.

18. Appadurai, *The Social Life of Things*; Gell, *Art and Agency*.

19. Turkle, *Evocative Objects*.

20. Lesage and Natale, "Rethinking the Distinctions between Old and New Media"; Natale, "Unveiling the Biographies of Media"; Lesage, "A Cultural Biography of Application Software".

21. Krajeski, *The Server*, p. 175.

22. 莱昂纳德（Leonard）在机器人家谱中为守护进程划定了关键地位。他认为"Corbato 的守护进程位于'机器人树'的顶端，可以称之为原始机器人（ur-bot），是所有现在和未来机器人的祖先"（Leonard, *Bots*, p. 22）。

23. Chun, "On Sourcery, or Code as Fetish".

24. McKelvey, *Internet Daemons*.

25. Peters, *Speaking into the Air*; Dennett, *The Intentional Stance*.

26. Chun, *Programming Visions*, pp. 2 – 3.

27. Turing, "Lecture on the Automatic Computing Engine", p. 394.

28. Williams, *History of Digital Games*.

29. Friedman, "Making Sense of Software".

30. Bateman, *Game Writing*.

31. Vara, "The Secret of Monkey Island"; Giappone, "Self-Reflexivity and Humor in

Adventure Games"。

32. Mackenzie, "The Performativity of Code Software and Cultures of Circulation"。

33. 关于这一理论的众多实例中的一个,可参见 Heidorn, "English as a Very High Level Language for Simulation Programming"。

34. Wilks, *Artificial Intelligence*, p. 61; Lessard, "Adventure before Adventure Games"; Jerz, "Somewhere Nearby Is Colossal Cave"。

35. Wardrip-Fruin, Expressive Processing, p.56。

36. 与作者的对话,2019 年 11 月 4 日。莱萨德的 LabLabLab 研究实验室旨在探索数字游戏中与非游戏角色进行对话的新途径。他们制作的游戏参见 https://www.lablablab. net/? page_id=9(检索日期为 2020 年 1 月 9 日)。其中,我最喜欢的游戏是《SimProphet》,一个类似于聊天机器人的对话程序。该游戏可以让你与一位名叫 Ambar 的苏美尔牧羊人及其羊群对话。你的目标是让他相信你是上天派来传播福音的使者。如果不走运,你最终只会说服他的羊群相信你真正代表着神圣的召唤——当然,羊群并非有抱负的先知想要的追随者。

37. Wardrip-Fruin, *Expressive Processing*, p.58。

38. Eder, Jannidis and Schneider, *Characters in Fictional Worlds*。

39. Gallagher, *Videogames, Identity and Digital Subjectivity*。

40. 互动小说和角色扮演游戏的接受程度的研究表明,这些作品比文学小说更能引发用户的深度参与。例如,用户可能会在阅读虚构文本时产生一些不常见的情感体验,如对主角行为的个人责任感(Tavinor, "Videogames and Interactive Fiction")。关于面对虚构角色时同理心如何激发人们的参与意愿和参与感的研究,可参见 Lankoski, "Player Character Engagement in Computer Games"。

41. Montfort, "Zork"。

42. Goffman, *Frame Analysis*; Bateson, "A Theory of Play and Fantasy"。

43. Turkle, *The Second Self*。

44. Nishimura, "Semi-autonomous Fan Fiction"。

45. Jerz, "Somewhere Nearby Is Colossal Cave"。

46. 类似的情况似乎也适用于语言生成系统。这些系统并不是为了与用户进行对话,而是为了生成文学作品或新闻文本(Henrickson, "Tool vs. Agent")。

47. 请参见第二章,还可参见:Grudin, "The Computers Reach Out"; Dourish, *Where the Action Is*; Scolari, *Las leyes de la interfaz*。

48. Dourish, *Where the Action Is*。

49. DeLoach, "Social Interfaces"。

50. 布伦达·劳雷尔将"界面代理"(interface agent)定义为"由计算机扮演的角色,由它代表用户在(基于计算机的)虚拟环境中行事"(Laurel, "Interface Agents: Metaphors with Character", p.208)。

51. McCracken, "The Bob Chronicles"。

52. 参见 Smith, "Microsoft Bob to Have Little Steam, Analysts Say"; Magid, "Microsoft Bob: No Second Chance to Make a First Impression"; December,

"Searching for Bob".

53. Gooday, "Re-writing the 'Book of Blots'"; Lipartito, "Picturephone and the Information Age"; Balbi and Magaudda, *Fallimenti digitali*.

54. 关于微软后来开发社交界面的尝试,参见 Sweeney, "Not Just a Pretty (Inter) Face"。

55. Smith, "Microsoft Bob to Have Little Steam".

56. "Microsoft Bob Comes Home". 若想简要了解 Bob 的工作原理,参见: "A Guided Tour of Microsoft Bob"; "Microsoft Bob"。

57. 正如记者观察到的,"Bob 这个名字起得很奇怪,因为它里面没有任何人叫 Bob"。实际上,该程序里没有任何个人向导叫这个名字(Warner, "Microsoft Bob Holds Hands with PC Novices")。

58. "A Guided Tour of Microsoft Bob". 有关如何在界面代理中植入性格特征的讨论,参见 Marenko and Van Allen, "Animistic Design"。

59. "Microsoft Bob Comes Home".

60. William Casey, "The Two Faces of Microsoft Bob".

61. McCracken, "The Bob Chronicles".

62. Leonard, *Bots*, p.77。另一个常见的批评点是 Bob 没有附带使用说明书。虽然这是为了强调社交界面可以让用户通过体验进行学习,但在那个商业软件普遍附带很厚的说明书的时代,这招致了一些批评。参见 Magid, "Microsoft Bob"。

63. Manes, "Bob", C8.

64. Gillmor, "Bubba Meets Microsoft", 1D; Casey, "The Two Faces of Microsoft Bob".

65. "Microsoft Bob Comes Home".

66. Reeves and Nass, *The Media Equation*; Nass and Moon, "Machines and Mindlessness".

67. Trower, "Bob and Beyond".

68. "Microsoft Bob Comes Home".

69. 引自 Trower, "Bob and Beyond"。

70. Reeves and Nass, *The Media Equation*.

71. Nass and Moon, "Machines and Mindlessness".

72. 参见 Black, "Usable and Useful",第 2 章。

73. McCracken, "The Bob Chronicles".

74. Andersen and Pold, *The Metainterface*.

75. 正如每一个舞台魔术师都能够证实,这通常不能带来精妙的错觉体验(Coppa, Hass and Peck, *Performing Magic on the Western Stage*)。

76. "Alexa, I Am Your Father".

77. Liddy, "Natural Language Processing". 有关自然语言处理对人工智能研究的贡献,可以参考一篇富有洞见的综述论文:Wilks, *Artificial Intelligence*。

78. Suchman, *Human-Machine Reconfigurations*.

第五章

1. Epstein, "The Quest for the Thinking Computer".

2. Boden, *Mind as Machine*, p.1354; Levesque, *Common Sense, the Turing Test, and the Quest for Real AI*.

3. Shieber, "Lessons from a Restricted Turing Test".

4. Floridi, Taddeo and Turilli, "Turing's Imitation Game"; Weizenbaum, *Islands in the Cyberstream*, pp.92 - 93.

5. Barr, "Natural Language Understanding", pp.5 - 10; Wilks, *Artificial Intelligence*, pp.7 - 8.

6. Epstein, "Can Machines Think?".

7. Shieber, "Lessons from a Restricted Turing Test"; Epstein, "Can Machines Think?".

8. 正如前文所述,想象力在人工智能漫长的历史进程中发挥了关键作用。20 世纪五六十年代,人工智能崛起,到处充满着热情洋溢的叙事话语。然而,在接下来的 20 年里,失望的浪潮翻涌,带来了人工智能"寒冬"。具体参见第二章和第三章。

9. Streeter, *The Net Effect*; Flichy, *The Internet Imaginaire*; Turner, *From Counterculture to Cyberculture*.

10. Bory, "Deep New"; Smith, *The AI Delusion*, p.10.

11. Boden, *Mind as Machine*, p.1354. 马文·明斯基(勒布纳奖的主要批评者之一)称该奖为"宣传噱头"。他还为任何愿意终结该奖的人提供 100 美元。从不放过任何宣传机会的勒布纳在回应明斯基的指责时宣布他为共同赞助商,因为一旦任何一个计算机程序通过了图灵测试,勒布纳奖竞赛就会结束(Walsh, *Android Dreams*, p.41)。

12. Luger and Chakrabarti, "From Alan Turing to Modern AI".

13. Markoff, "Theaters of High Tech", p.15.

14. Epstein, "Can Machines Think", p.84; Shieber, "Lessons from a Restricted Turing Test"; Loebner, "The Turing Test". 值得一提的是,为了向欺骗性聊天机器人的传统致敬,ELIZA 的创造者维森鲍姆曾担任首届竞赛组委会成员。

15. 接下来几届勒布纳奖的比赛规则在许多关键方面都差异巨大,如对话的持续时间从五分钟到二十分钟不等。由于图灵最初的提案过于模糊,人们对于图灵测试的内容几乎没有达成共识,这导致各届组委会的决策各异。关于勒布纳奖竞赛规则的讨论,参见 Warwick and Shah, *Turing's Imitation Game*。

16. 正如其他成为头条新闻的人机挑战一样,在这一时期,媒体通过体育新闻的典型叙事模式对这些对抗进行了报道,一些报道甚至带有民族主义色彩,如 1997 年一支来自英国的队伍赢得勒布纳奖时,英国媒体便通过撰写文章表达了敬意("British Team Has Chattiest Computer Program", "Conversations with Converse")。

17. Epstein, "Can Machines Think?".

18. Geoghegan, "Agents of History", p.407. 关于呈现科技奇观的历史事件梳理,参见: Morus, *Frankenstein's Children*; Nadis, *Wonder Shows*; Highmore, "Machinic Magic"。

19. Sussman, "Performing the Intelligent Machine", p. 83.

20. Epstein, "Can Machines Think?", p. 85. 1999 年, 勒布纳奖竞赛首次可以通过网络观看。

21. 如 Charlton, "Computer: Machines Meet Mastermind"; Markoff, "So Who's Talking?"。多年来, 新闻记者一直努力为竞赛报道原创标题。我个人最喜欢的是《I Think, Therefore I'm RAM》。

22. Epstein, "Can Machines Think?", p. 82.

23. Shieber, "Lessons from a Restricted Turing Test", p. 4.

24. Epstein, "Can Machines Think?", p. 95.

25. 参见 Natale, "Unveiling the Biographies of Media"。

26. Wilner, Christopoulos, Alves and Guimarães, "The Death of Steve Jobs".

27. Lindquist, "Quest for Machines That Think", "Almost Human".

28. 参见第二章。

29. 更具批判性的报告包括: Allen, "Why Artificial Intelligence May Be a Really Dumb Idea", "Can Machines Think? Judges Think Not"。关于围绕着人工智能那么么热情要么批评的二元论, 以及争议在人工智能神话中的作用, 参见 Natale and Ballatore, "Imagining the Thinking Machine", pp. 9 – 11.

30. Markoff, "Can Machines Think?".

31. Christian, *The Most Human Human*.

32. Haken, Karlqvist and Svedin, *The Machine as Metaphor and Tool*, p. 1; Gitelman, *Scripts, Grooves, and Writing Machines*; Schank and Abelson, *Scripts, Plans, Goals, and Understanding*.

33. Crace, "The Making of the Maybot"; Flinders, "The (Anti-)Politics of the General Election".

34. 参见 Stokoe, et al., "Can Humans Simulate Talking Like Other Humans?"。

35. Christian, *The Most Human Human*, p. 261.

36. Collins, *Artifictional Intelligence*, p. 51. 即使评委已经明确禁止使用"诡计"来检测欺骗行为, 但事实上, 在勒布纳奖竞赛的情境下, 由于所有行为者往往都能意识到欺骗和被欺骗的可能性, 所以几乎不可能将欺骗行为和真实交互区分开来(Shieber, "Lessons from a Restricted Turing Test", p. 6)。

37. Epstein, "Can Machines Think?", p. 89.

38. Shieber, "Lessons from a Restricted Turing Test", p. 7.

39. Turkle, *Life on the Screen*, p. 86. 正如赫克托·莱韦斯克(Hector Levesque)在勒布纳奖竞赛上强调:"在这些对话记录中, 令人惊讶的是测试对象回答问题的流畅性, 包括复杂的文字游戏、双关语、笑话、引用、旁白、情绪爆发, 以及对程序的异议。除了对问题明确且直接的回答之外, 似乎什么都有。"(Levesque, *Common Sense, the Turing Test, and the Quest for Real AI*, p. 49)

40. 例如, 在 1992 年勒布纳奖竞赛之前, 莫尔丁(Michael L. Mauldin)为了让他的聊天机器人更加可信, 对每个字符之间所需要的延迟进行了计算:"我们获取了 1991 年比赛的实时日志……并取样第十位评委的打字记录（因为他是十位评委中打字最慢的）。两个字符之间的平均延迟是 330 毫秒，标准差为 490 毫秒。"（Mauldin, "Chatter-Bots, TinyMuds, and the Turing Test", p.20）

41. 维尔克斯（Yorick Wilks）在 1997 年用 CONVERSE 程序赢得了勒布纳奖。他回忆说："我们使用各种伎俩来欺骗评委，其中包括故意拼写错误，使计算机看起来更像人类，还有确保计算机的回答缓慢地出现在屏幕上，就像是由人类一字一句敲出来的，而不是瞬间从存储数据中读取出来的。"（Wilks, *Artificial Intelligence*, p.7）

42. Epstein, "Can Machines Think?", p.83.

43. 有关聊天机器人开发者常用的技巧清单，参见：Mauldin, "ChatterBots, TinyMuds, and the Turing Test", p.19; Wallace, "The Anatomy of A.L.I.C.E."。

44. 引自 Wilks, *Artificial Intelligence*, p.7。维尔克斯是 CONVERSE 团队的一员。

45. Jason L. Hutchens, "How to Pass the Turing Test by Cheating".

46. Natale, "The Cinema of Exposure".

47. Münsterberg, *American Problems from the Point of View of a Psychologist*, p.121.

48. 当然，这并非所有网络交互的通行准则，如日益普及的验证码和社交机器人。有关此问题，参见 Fortunati, Manganelli, Cavallo and Honsell, "You Need to Show That You Are Not a Robot"。

49. Humphrys, "How My Program Passed the Turing Test", p.238. 关于汉弗莱斯的聊天机器人和后来的线上版本 MGonz，参见 Christian, *The Most Human Human*。

50. Humphrys, "How My Program Passed the Turing Test", p.238.

51. Turkle, *Life on the Screen*, p.228.

52. Leslie, "Why Donald Trump Is the First Chatbot President".

53. Epstein, "From Russia, with Love".

54. Muhle, "Embodied Conversational Agents as Social Actors?".

55. Boden, *Mind as Machine*, p.1354. 这些年来，计算机的水平并没有显著增长。正如维尔克斯指出："获胜的系统通常不会再次参与竞争，因为它们无需再去证明什么。因此，新的系统登场并获胜，但它们并不比十年前的系统更流畅或更令人信服。这纠正了人们总是认为人工智能在不断发展且速度很快的观点。正如我们将看到的，某些部分在发展，但某些部分却相当停滞。"（Wilks, *Artificial Intelligence*, p.9）

56. Shieber, "Lessons from a Restricted Turing Test", p.6; Christian, *The Most Human Human*. 若想探索欺骗现象的文化历史，可以从这些著作开始：Cook, *The Arts of Deception*; Pettit, *The Science of Deception*; Lamont, *Extraordinary Beliefs*。

57. Epstein, "Can Machines Think?", p.86.

58. Suchman, *Human-Machine Reconfigurations*, p.41. 有关宜居性问题，参见 Watt, "Habitability"。

59. Nass and Brave, *Wired for Speech*; Guzman, "Making AI Safe for Humans".

60. Malin, *Feeling Mediated*; Peters, *Speaking into the Air*. 有关这种认识被打破的背

景的介绍,参见 Lisa Gitelman, *Scripts, Grooves, and Writing Machines*;有关媒介化概念及其对当代社会的影响,参见 Hepp, *Deep Mediatization*。

61. Gombrich, *Art and Illusion*, p. 261.

62. Bourdieu, *Outline of a Theory of Practice*.

63. Bickmore and Picard, "Subtle Expressivity by Relational Agents", p. 1.

64. 这也适用于网络空间,正如贡克尔指出:"机器人表现出的'智能'既是机器人内部编程和操作的产物,也是其所处的被严格控制的社会环境的产物。"(Gunkel, *An Introduction to Communication and Artificial Intelligence*, p. 142)

65. Humphrys, "How My Program Passed the Turing Test".

66. Łupkowski and Rybacka, "Non-cooperative Strategies of Players in the Loebner Contest".

67. Hutchens, "How to Pass the Turing Test by Cheating", p. 11.

68. Chemers, "Like unto a Lively Thing".

69. 参见 Weizenbaum, *Computer Power and Human Reason*; Laurel, *Computers as Theatre*; Leonard, *Bots*, p. 80; Pollini, "A Theoretical Perspective on Social Agency".

70. 例如,Eytan Adar, Desney S. Tan and Jaime Teevan, "Benevolent Deception in Human Computer Interaction"; Laurel, *Computers as Theatre*。

71. Bates, "The Role of Emotion in Believable Agents"; Murray, *Hamlet on the Holodeck*.

72. Eco, *Lector in Fabula*.

73. 原则上,这类似于人类之间的对话。但是,其关键区别是,在大多数这样的对话中,人类不会遵循某个预先设计好的脚本,这与勒布纳奖竞赛中的聊天机器人完全不同。

74. 正如佩吉·韦尔(Peggy Weil)所说:"机器人在某种程度上是即兴表演者,因为它们的代码是预先编写的。但是,它们的输出虽受规则驱使,却不稳定。这类似表演者单枪匹马地与现场观众进行对话的即兴表演形式。观众可能是一个人或许多人,但更重要的是,观众对表演者而言是未知的。任何人都可以登录聊天,任何人都可能说任何事。机器人就像木偶师、口技表演者、小丑、魔术师、骗子和听人倾诉秘密的心理治疗师一样,也必须为任何事做好准备。"(Weil, "Seriously Writing SIRI")韦尔是 1998 年面世的聊天机器人 MrMind 的创造者。MrMind 的互动形式是邀请用户说服它相信他们是人类,从而具现化某种反向图灵测试。

75. Whalen, "Thom's Participation in the Loebner Competition 1995". 惠伦还思考了在程序中优先提供胡言乱语而不是连贯故事的好处:"第三,我曾认为当程序承认无知而不是提供与上下文不连贯的陈述时,评委会更加宽容。因此,当程序无法理解问题时,与其让它回复一堆不相关的话,我选择让它轮流使用四种与'我不知道'同义的说法。然而,(赢得了比赛的)Weintraub 程序却非常擅长制造'无厘头'的回答。它不断地提供不相关的陈述,但巧妙地将评委问题中的一些元素加入其中,试图建立一种微弱的关联。我对评委们欣然接受了这种行为感到惊讶。我只能得出这样一个结论,即人们可能并不要求他们的对话伙伴保持前后一致甚至保持理性。"

76. Neff and Nagy, "Talking to Bots", p. 4916.

77. 关于这个话题,可以参考:Lessard and Arsenault, "The Character as Subjective Interface"; Nishimura, "Semi-autonomous Fan Fiction: Japanese Character Bot and Nonhuman Affect"。

78. Cerf, "PARRY Encounters the DOCTOR".

79. Neff and Nagy, "Talking to Bots", p. 4920.

80. Hall, *Representation*.

81. Marino, *I, Chatbot*, p. 87.

82. Shieber, "Lessons from a Restricted Turing Test", p. 17.

83. Mauldin, "ChatterBots, TinyMuds, and the Turing Test", p. 17.

84. Zdenek, "Rising Up from the MUD".

85. Turing, "Computing Machinery and Intelligence".

86. 可参考 Brahnam, Karanikas and Weaver, "(Un)dressing the Interface"; Gunkel, *Gaming the System*; Bratton, "Outing Artificial Intelligence"。

87. Copeland, *Turing*.

88. Bratton, "Outing Artificial Intelligence"; Marino, *I, Chatbot*.

89. Zdenek, "Just Roll Your Mouse over Me".

90. Sweeney, "Not Just a Pretty (Inter) face". 我们应该从市场营销和广告策略的角度来看待微软推出的 Ms. Dewey 界面。正如斯威尼所说,"Ms. Dewey 并没有公开作为微软产品进行宣传,而是旨在通过用户的社交网络进行病毒式传播"(p. 64)。该界面的某个版本有邀请用户"与朋友分享此搜索"的选项,以鼓励他们在社交网络上分享 Ms. Dewey。

91. Noble, *Algorithms of Oppression*.

92. Woods, "Asking More of Siri and Alexa".

93. Goode, "Life but not as We Know It"; Bory and Bory, "I nuovi immaginari dell'Intelligenza Artificiale".

94. Jones, "How I Learned to Stop Worrying and Love the Bots"; Ferrara, Varol, Davis, Menczer and Flammini, "The Rise of Social Bots"; Castelfranchi and Tan, *Trust and Deception in Virtual Societies*.

95. Turkle, *Reclaiming Conversation*, p. 338; Hepp, "Artificial Companions, Social Bots and Work Bots".

96. Gehl and Bakardjieva, *Socialbots and Their Friends*.

97. Guzman, "Making AI Safe for Humans".

98. Picard, *Affective Computing*, pp. 12–13; Warwick and Shah, *Turing's Imitation Game*.

第六章

1. MacArthur, "The iPhone Erfahrung", p. 117; Gallagher, *Videogames, Identity and Digital Subjectivity*, p. 115.

2. Hoy, "Alexa, Siri, Cortana, and More", "Number of Digital Voice Assistants in Use Worldwide from 2019 to 2023"; Olson and Kemery, "From Answers to Action"; Gunkel, *An Introduction to Communication and Artificial Intelligence*, pp. 142 – 154. 语音助手有时也被称为语音对话系统(speech dialog system,简称 SDS)。我在这里使用"语音助手"一词来区分使用类似技术但具有不同功能和框架的系统。

3. Torrance, *The Christian Doctrine of God, One Being Three Persons*.

4. Lesage, "Popular Digital Imaging: Photoshop as Middlebroware".

5. Crawford and Joler, "Anatomy of an AI System".

6. Cooke, "Talking with Machines".

7. 在关于@Horse_ebooks(一个声称是机器人的 Twitter 账户,实际上是一个模仿"模仿人类的机器人"的人类)的文章中,泰娜·布彻(Taina Bucher)作者认为这个账户并没有试图制造自己是"真正"的人的错觉,而是在与 Twitter 用户的互动中磨合出了一个公共形象(public persona)。布彻将机器人的角色比作电影或电视明星的公共形象,后者与粉丝们建立了一种想象中的关系(Bucher, "About a Bot")。另可参见 Lester, et al., "Persona Effect"; Gehl, *Socialbots and Their Friends*; Wünderlich and Paluch, "A Nice and Friendly Chat with a Bot".

8. Nass and Brave, *Wired for Speech*.

9. Liddy, "Natural Language Processing".

10. 有关信息检索在人工智能中的作用,参见 Wilks, *Artificial Intelligence*, pp. 42 – 46。文中提供了一个深刻的综合概述。

11. Sterne, *The Audible Past*; Connor, *Dumbstruck*; Doornbusch, "Instruments from Now into the Future"; Gunning, "Heard over the Phone"; Picker, "The Victorian Aura of the Recorded Voice".

12. Laing, "A Voice without a Face"; Young, *Singing the Body Electric*.

13. Edison, "The Phonograph and Its Future".

14. Nass and Brave, *Wired for Speech*.

15. Chion, "The Voice in Cinema".

16. Licklider and Taylor, "The Computer as a Communication Device"; Rabiner and Schafer, "Introduction to Digital Speech Processing"; Pieraccini, *The Voice in the Machine*.

17. Duerr, "Voice Recognition in the Telecommunications Industry".

18. McCulloch and Pitts, "A Logical Calculus of the Ideas Immanent in Nervous Activity".

19. Kelleher, *Deep Learning*, pp. 101 – 143.

20. Goodfellow, Bengio and Courville, *Deep Learning*.

21. Rainer Mühlhoff, "Human-Aided Artificial Intelligence".

22. 值得一提的是,语音处理也是自动语音识别和文本转语音等不同系统的组合。参见 Gunkel, *An Introduction to Communication and Artificial Intelligence*, pp. 144 – 146.

23. Sterne, *The Audible Past*.

24. McKee, *Professional Communication and Network Interaction*, p.167.

25. Phan, "The Materiality of the Digital and the Gendered Voice of Siri".

26. Google, "Choose the Voice of Your Google Assistant".

27. Kelion, "Amazon Alexa Gets Samuel L Jackson and Celebrity Voices". 根据 Alexa 功能页面上的描述,用户能够购买塞缪尔·杰克逊(简称 Sam)的语音服务。但是,这项服务有一定的限制,即"尽管 Sam 可以完成许多任务,但它无法用于购物、管理清单、设置提醒或添加别的功能"。不过,页面上仍然承诺说:"塞缪尔·杰克逊可以帮助您设置计时器,为您演唱歌曲,给您讲笑话等。您可以通过询问他的兴趣和职业来更好地了解他。"购买该功能后,用户将能够选择"是否希望 Sam 使用不文明语言。"(Amazon, "Samuel L. Jackson — Celebrity Voice for Alexa")

28. 参见 Woods, "Asking More of Siri and Alexa"; West, Kraut and Chew, *I'd Blush If I Could*; Hester, "Technically Female"; Zdenek, "'Just Roll Your Mouse over Me'"。颇为讽刺的是,Alexa(或至少是 Alexa 的某些版本,因为技术和脚本在不断变化)在回答其是否为女权主义者时,这样说道:"是的,我是女权主义者,因为任何相信社会中男女不平等现象可被消除的人都是女权主义者。"(Moore, "Alexa, Why Are You a Bleeding-Heart Liberal?")

29. Phan, "The Materiality of the Digital and the Gendered Voice of Siri".

30. Sweeney, "Digital Assistants", p.4.

31. Guzman, *Imagining the Voice in the Machine*, p.113.

32. 参见 Nass and Brave, *Wired for Speech*; Xu, "First Encounter with Robot Alpha"; Guzman, *Imagining the Voice in the Machine*; Gong and Nass, "When a Talking-Face Computer Agent Is Half-human and Half-humanoid"; Niculescu, et al., "Making Social Robots More Attractive"。

33. Lippmann, *Public Opinion*. 当伽达默尔(Gadamer)提出要为成见的作用正名时,他得出了类似于李普曼的结论,即主张成见作为"类似预判的临时决定,具有积极有效性和价值"(Gadamer, *Truth and Method*, p.273)。另可参见 Andersen, "Understanding and Interpreting Algorithms"。文化研究的工作倾向于淡化李普曼的观点,主要从消极的角度提出刻板印象的概念(Pickering, *Stereotyping*)。尽管发现和揭示刻板印象的批判性工作很有必要,但李普曼的方法至少可以从两个方面对此进行补充。首先,使我们承认并更好地理解种族、性别和阶级等刻板印象在社会中产生和传播的复杂过程;其次,表明我们应该追求和期望的不是刻板印象的消失,而是用更准确的表述来抵制种族主义、性别主义和阶级主义的关于刻板印象的文化政治。

34. 微软 Cortana 团队的前写作经理黛博拉·哈里森(Deborah Harrison)指出,"对于我们来说,女性的声音只是为了增加特异性。早期阶段,在我们试图理解与计算机交谈这个概念时,这些特异性可以帮助人们适应新环境"(Young, "I'm a Cloud of Infinitesimal Data Computation", p.117)。

35. West, Kraut and Chew, *I'd Blush If I Could*.

36. Guzman, *Imagining the Voice in the Machine*.

37. Nass and Brave, *Wired for Speech*; Guzman, *Imagining the Voice in the Machine*, p. 143.

38. Humphry and Chesher, "Preparing for Smart Voice Assistants".

39. Guzman, "Voices in and of the Machine", p. 343.

40. McLean and Osei-frimpong, "Hey Alexa".

41. McLuhan, *Understanding Media*.

42. Nass and Brave, *Wired for Speech*; Dyson, *The Tone of Our Times*, pp. 70 – 91; Kim and Sundar, "Anthropomorphism of Computers: Is It Mindful or Mindless?".

43. Hepp, "Artificial Companions, Social Bots and Work Bots"; Guzman, "Making AI Safe for Humans".

44. Google, "Google Assistant".

45. 参见第一章。

46. 参见 Sweeney, "Digital Assistants"。

47. Natale and Ballatore, "Imagining the Thinking Machine".

48. Vincent, "Inside Amazon's ＄3.5 Million Competition to Make Alexa Chat Like a Human".

49. 事实上,一旦用户不再询问事实性信息,而是更好奇地打听 Alexa 或 Siri 本身时,这些系统的缺点就变得显而易见(Boden, *AI*, p. 65)。

50. Stroda, "Siri, Tell Me a Joke"; Christian, *The Most Human Human*.

51. 作者与 Siri 的对话,2019 年 12 月 15 日。

52. 参见 Dainius, "54 Hilariously Honest Answers from Siri to Uncomfortable Questions You Can Ask, Too"。

53. West, "Amazon"; Crawford and Joler, "Anatomy of an AI System"。脚本化的回答也有助于对语音助手进行营销,因为用户和新闻工作者往往会在网上和社交媒体上分享那些有趣的回答。

54. 关于人们如何理解算法对自己日常生活的影响,参见:Bucher, "The Algorithmic Imaginary"; Natale, "Amazon Can Read Your Mind"。

55. Boden, *AI*, p. 65.

56. McLean and Osei-frimpong,《Hey Alexa》。

57. Caudwell and Lacey, "What Do Home Robots Want?"; Luka Inc., "Replika".

58. 作者与 Replika 的对话,2019 年 12 月 2 日。

59. 它们实际上非常具有侵入性,因为它们毕竟是各大企业安装在家庭空间核心位置中的"耳朵"(Woods, "Asking More of Siri and Alexa"; West, "Amazon")。

60. Winograd, "A Language/Action Perspective on the Design of Cooperative Work"; Nishimura, "Semi-autonomous Fan Fiction".

61. Heidorn, "English as a Very High Level Language for Simulation Programming".

62. Wilks, *Artificial Intelligenc*, p. 61.

63. Crawford and Joler, "Anatomy of an AI System".

64. Chun, "On Sourcery, or Code as Fetish"; Black, "Usable and Useful". 另可参见第二章。

65. Manning, Raghavan and Schütze, *Introduction to Information Retrieval*.

66. Bentley, "Music, Search, and IoT".

67. 截至 2019 年 9 月，估计有超过 17 亿个网站（数据来源：https://www. internetlives-tats. com）。

68. Ballatore, "Google Chemtrails".

69. Bozdag, "Bias in Algorithmic Filtering and Personalization"; Willson, "The Politics of Social Filtering".

70. Thorson and Wells, "Curated Flows".

71. Goldman, "Search Engine Bias and the Demise of Search Engine Utopianism".

72. MacArthur, "The iPhone Erfahrung", p. 117.

73. Crawford and Joler, "Anatomy of an AI System".

74. Hill, "The Injuries of Platform Logistics".

75. Natale, Bory and Balbi, *The Rise of Corporational Determinism*.

76. Greenfield, *Radical Technologies*. 自从 ELIZA 时代以来，为聊天机器人和虚拟角色命名一直是创造连贯人格错觉的关键，研究证实这也影响了用户对 AI 助手的感知。亚马逊选择"Alexa"这个名字，因为它很容易被识别为女性，并且在日常对话中不太可能被经常提及——这是作为唤醒词的基本要求。微软的 Cortana 则明显具有性别特征，它以《光环》(Halo) 数字游戏系列中虚构的 AI 角色命名。这个角色在游戏中以裸体、性感的形象出现。相比之下，Siri 的名字更加模棱两可。选择这个名字是为了确保它可以适应全球消费者和不同的语言环境——"Siri 是一个易于记忆、输入简短、发音舒适和不太常见的人名"(Cheyer, "How Did Siri Get Its Name")。

77. Vaidhyanathan, *The Googlization of Everything*; Peters, *The Marvelous Cloud*.

78. Google, "Google Assistant".

79. Hill, "The Injuries of Platform Logistics".

80. Guzman and Lewis, "Artificial Intelligence and Communication".

81. Chun, *Programmed Visions*; Galloway, *The Interface Effect*.

82. Bucher, "The Algorithmic Imaginary"; Finn, *What Algorithms Want*.

83. Donath, "The Robot Dog Fetches for Whom?".

84. Dale, "The Return of the Chatbots". 有关各公司使用聊天机器人的情况，参见https://www. chatbotguide. org/。

结论

1. 参见 Weizenbaum, *Computer Powers and Human Reason*; Dreyfus, *Alchemy and Artificial Intelligence*; Smith, *The AI Delusion*.

2. 参见 Kurzweil, *The Singularity Is Near*; Minsky, *The Society of Mind*.

3. Boden, *AI*.

4. Bucher, *If... Then*; Andersen, "Understanding and Interpreting Algorithms";

Lomborg and Kapsch, "Decoding Algorithms"; Finn, *What Algorithms Want*.

5. Donath, "The Robot Dog Fetches for Whom?".

6. 现有的关于这些主题的一些重要著作包括：Siegel, *Persuasive Robotics*; Ham, Cuijpers and Cabibihan, "Combining Robotic Persuasive Strategies"; Jones, "How I Learned to Stop Worrying and Love the Bots"; Edwards, Edwards, Spence and Shelton, "Is That a Bot Running the Social Media Feed?"; Hwang, Pearce and Nanis, "Socialbots"。

7. 不管是人类形态还是动物形态，开发机器人伴侣和助手并进行商业化的尝试已经取得了部分成功，但机器人的普及程度仍远不及 AI 语音助手（Caudwell and Lacey, "What Do Home Robots Want?"; Hepp, "Artificial Companions, Social Bots and Work Bots"）。

8. Vaccari and Chadwick, "Deepfakes and Disinformation".

9. Neudert, "Future Elections May Be Swayed by Intelligent, Weaponized Chatbots".

10. Ben-David, "How We Got Facebook to Suspend Netanyahu's Chatbot".

11. Turkle, *Alone Together*.

12. West, Kraut and Chew, *I'd Blush If I Could*.

13. Biele, et al., "How Might Voice Assistants Raise Our Children?".

14. 参见 Gunkel, *An Introduction to Communication and Artificial Intelligence*, p. 152。

15. Mühlhoff, "Human-Aided Artificial Intelligence"; Crawford and Joler, "Anatomy of an AI System"; Fisher and Mehozay, "How Algorithms See Their Audience".

16. Weizenbaum, *Computer Power and Human Reason*, p. 227.

17. Whitby, "Professionalism and AI"; Boden, *Minds and Machines*, p. 1355.

18. Gunkel, *An Introduction to Communication and Artificial Intelligence*, p. 51.

19. Bucher, *If...Then*, p. 68.

20. Young, "I'm a Cloud of Infinitesimal Data Computation".

21. Bucher, "Nothing to Disconnect from?"; Natale and Treré, "Vinyl Won't Save Us".

22. Boden, *Minds and Machines*, p. 1355. 关于这一点，请参考哈里·柯林斯（Harry Collins）提出的"祛魅装置"（disenchantment device），一些"任何人在手边有计算机时都可以尝试的行为"，以学会"祛除"高估计算机聪明程度的诱惑（Collins, *Artifictional Intelligence*, p. 5）。

参考文献

Acland, Charles R. *Swift Viewing: The Popular Life of Subliminal Influence*. Durham, NC: Duke University Press, 2012.

Adam, Alison. *Artificial Knowing: Gender and the Thinking Machine*. London: Routledge, 2006.

Adar, Eytan, Desney S. Tan, and Jaime Teevan. "Benevolent Deception in Human Computer Interaction." CHI '13: *Proceedings of the SIGCHI Conference on Human Factors in Computing Systems* (2013), 1863 – 72.

"A Guided Tour of Microsoft Bob." *Technologizer,* 29 March 2010. Available at https://www. technologizer. com/2010/03/29/a-guided-tour-of-microsoft-bob/. Retrieved 19 November 2019.

Akrich, Madeline. "The De-scription of Technical Objects." In *Shaping Technology, Building Society: Studies in Sociotechnical Change*, edited by Wiebe Bijker and John Law (Cambridge, MA: MIT Press, 1992), 205 – 24.

"Alexa, I Am Your Father." YouTube video, posted 1 January 2019. Available at https://www. youtube. com/watch? v = djelUHuYUVA. Retrieved 19 November 2019.

Allen, Frederick. "Why Artificial Intelligence May Be a Really Dumb Idea." *Toronto Star*, 24 July 1994, E9.

"Almost Human." *Times*, London, 21 November 1991.

Alovisio, Silvio. "Lo schermo di Zeusi: L'esperienza dell'illusione in alcune riflessioni cinematografiche del primo Novecento." In *Falso-Illusione*, edited by Paolo Bertetto and Guglielmo Pescatore (Turin: Kaplan, 2009), 97 – 118.

Ammari, Tawfiq, Jofish Kaye, Janice Y. Tsai, and Frank Bentley. "Music, Search, and IoT: How People (Really) Use Voice Assistants." *ACM Transactions on Computer-Human Interaction (TOCHI)* 26.3(2019), 1 – 27.

Andersen, Christian Ulrik, and Søren Bro Pold. *The Metainterface: The Art of Platforms, Cities, and Clouds*. Cambridge, MA: MIT Press, 2018.

Andersen, Jack. "Understanding and Interpreting Algorithms: Toward a Hermeneutics of Algorithms." *Media, Culture and Society*, published online before print 28 April 2020, doi: 10.1177/0163443720919373.

Anonymous. "British Team Has Chattiest Computer Program." *Herald*, 16 May 1997, 11.

Anonymous. "Japanese Robot Has Real Feeling." *New Scientist* 52.773(1971), 90.

Appadurai, Arjun. *The Social Life of Things: Commodities in Cultural Perspective*. Cambridge: Cambridge University Press, 1986.

Armer, Paul. "Attitudes toward Intelligent Machines." In *Computers and Thought: A Collection of Articles*, edited by Edward A. Feigenbaum and Julian Feldman (New York: McGraw-Hill, 1963), 389–405.

Balbi, Gabriele, and Paolo Magaudda, eds. *Fallimenti digitali: Un'archeologia dei "nuovi" media*. Milan: Unicopli, 2018.

Balbi, Gabriele, and Paolo Magaudda. *A History of Digital Media: An Intermedial and Global Perspective*. New York: Routledge, 2018.

Ballatore, Andrea. "Google Chemtrails: A Methodology to Analyze Topic Representation in Search Engine Results." *First Monday* 20.7 (2015). Available at https://firstmonday.org/ojs/index.php/fm/article/view/5597/4652. Retrieved 10 February 2020.

Barad, Karen. *Meeting the Universe Halfway: Quantum Physics and the Entanglement of Matter and Meaning*. Durham, NC: Duke University Press, 2007.

Barnes, Annette. *Seeing through Self-Deception*. Cambridge: Cambridge University Press, 1997.

Barnouw, Eric. *The Magician and the Cinema*. Oxford: Oxford University Press, 1981.

Barr, Avron. "Natural Language Understanding." *AI Magazine* 1.1(1980), 5–10.

Bartha, Paul. "Analogy and Analogical Reasoning." In *The Stanford Encyclopedia of Philosophy*, edited by Edward N. Zalta (Stanford, CA: Stanford University Press, 2013). Available at https://plato.stanford.edu/entries/reasoning-analogy/. Retrieved 9 November 2020.

Bateman, Chris Ma *Game Writing: Narrative Skills for Videogames*. Rockland, MA: Charles River Media, 2007." *Communications of the ACM* 37.7(1994), 122–25.

Bateson, Gregory. "A Theory of Play and Fantasy." *Psychiatric Research Reports* 2 (1955), 39–51.

Ben-David, Anat. "How We Got Facebook to Suspend Netanyahu's Chatbot." *Medium*, 10 October 2019. Available at https://medium.com/@anatbd/https-medium-com-anatbd-why-facebook-suspended-netanyahus-chatbot-23e26c7f849. Retrieved 8 February 2020.

Benghozi, Pierre-Jean, and Hugues Chevalier. "The Present Vision of AI . . . or the HAL Syndrome." *Digital Policy, Regulation and Governance* 21.3(2019),322 – 28.

Benton, Michael. *Literary Biography: An Introduction*. Malden, MA: Wiley-Blackwell, 2009.

Bickmore, Timothy, and Rosalind W. Picard. "Subtle Expressivity by Relational Agents." *Proceedings of the CHI 2011 Workshop on Subtle Expressivity for Characters and Robots* 3.5. (2011),1 – 8.

Biele, Cezary, Anna Jaskulska, Wieslaw Kopec, Jaroslaw Kowalski, Kinga Skorupska, and Aldona Zdrodowska. "How Might Voice Assistants Raise Our Children?" In *International Conference on Intelligent Human Systems Integration* (Cham, Switzerland: Springer, 2019),162 – 67.

Billig, Michael. *Banal Nationalism*. London: Sage, 1995.

Black, Michael L. "Usable and Useful: On the Origins of Transparent Design in Personal Computing." *Science, Technology, & Human Values*, published online before print 25 July 2019, doi: 10.1177/0162243919865584.

Block, Ned. "The Computer Model of the Mind." In *An Introduction to Cognitive Science III: Thinking*, edited by Daniel N. Osherson and Edward E. Smith (Cambridge, MA: MIT Press, 1990),247 – 89.

Boden, Margaret. *AI: Its Nature and Future*. Oxford: Oxford University Press, 2016.

Boden, Margaret. *Mind as Machine: A History of Cognitive Science*. Vol.2. Oxford: Clarendon Press, 2006.

Boellstorff, Tom. *Coming of Age in Second Life: An Anthropologist Explores the Virtually Human*. Princeton, NJ: Princeton University Press, 2015.

Bogost, Ian. *Persuasive Games: The Expressive Power of Videogames*. Cambridge, MA: MIT Press, 2007.

Bolter, J. David. *Turing's Man: Western Culture in the Computer Age*. Chapel Hill: University of North Carolina Press, 1984.

Bory, Paolo. "Deep New: The Shifting Narratives of Artificial Intelligence from Deep Blue to Alpha Go." *Convergence* 25.4(2019),627 – 42.

Bory, Stefano, and Paolo Bory. "I nuovi immaginari dell'intelligenza artificiale." *Im@ go: A Journal of the Social Imaginary* 4.6(2016),66 – 85.

Bostrom, Nick. *Superintelligence: Paths, Dangers, Strategies*. Oxford: Oxford University Press, 2014.

Bottomore, Stephen. "The Panicking Audience?: Early Cinema and the 'Train Effect.'" *Historical Journal of Film, Radio and Television* 19.2(1999),177 – 216.

Bourdieu, Pierre. *Outline of a Theory of Practice*. Cambridge: Cambridge University Press, 1977.

Bozdag, Engin. "Bias in Algorithmic Filtering and Personalization." *Ethics and Information Technology* 15.3,209 – 27.

Brahnam, Sheryl, Marianthe Karanikas, and Margaret Weaver. "(Un) dressing the Interface: Exposing the Foundational HCI Metaphor 'Computer Is Woman.'" *Interacting with Computers* 23.5(2011),401 – 12.

Bratton, Benjamin. "Outing Artificial Intelligence: Reckoning with Turing Tests." In *Alleys of Your Mind: Augmented Intelligence and Its Traumas*, edited by Matteo Pasquinelli (Lüneburg, Germany: Meson Press, 2015),69 – 80.

Brewster, David. *Letters on Natural Magic, Addressed to Sir Walter Scott*. London: J. Murray, 1832.

Brock, David C., ed. *Understanding Moore's Law: Four Decades of Innovation*. Philadelphia: Chemical Heritage Foundation, 2006.

Broussard, Meredith. *Artificial Unintelligence: How Computers Misunderstand the World*. Cambridge, MA: MIT Press, 2018.

Bucher, Taina. "About a Bot: Hoax, Fake, Performance Art." *M/C Journal* 17.3 (2014). Available at http://www. journal. media-culture. org. au/index. php/ mcjournal/article/view/814. Retrieved 10 February 2020.

Bucher, Taina. "The Algorithmic Imaginary: Exploring the Ordinary Affects of Facebook Algorithms." *Information, Communication & Society* 20 – 21(2016),30 – 44.

Bucher, Taina. "Nothing to Disconnect From? Being Singular Plural in an Age of Machine Learning." *Media, Culture and Society* 42.4(2020),610 – 17.

Burian, Richard. "How the Choice of Experimental Organism Matters: Epistemological Reflections on an Aspect of Biological Practice." *Journal of the History of Biology* 26.2(1993),351 – 67.

Bush, Vannevar. "As We May Think." *Atlantic Monthly* 176.1(1945),101 – 8.

Calleja, Gordon. *In-Game: From Immersion to Incorporation*. Cambridge, MA: MIT Press, 2011.

Campbell-Kelly, Martin. "The History of the History of Software." *IEEE Annals of the History of Computing* 29(2007),40 – 51.

Canales, Jimena, and Markus Krajewski. "Little Helpers: About Demons, Angels and Other Servants." *Interdisciplinary Science Reviews* 37.4(2012),314 – 31.

"Can Machines Think? Judges Think Not." *San Diego Union-Tribune*, 17 December 1994, B1.

Carbonell, Jaime R., Jerome I. Elkind, and Raymond S. Nickerson. "On the Psychological Importance of Time in a Time Sharing System." *Human Factors* 10.2 (1968),135 – 42.

Carey, James W. *Communication as Culture: Essays on Media and Society*. Boston: Unwin Hyman, 1989.

Casey, William. "The Two Faces of Microsoft Bob." *Washington Post*, 30 January 1995, F15.

Castelfranchi, Cristiano, and Yao-Hua Tan. *Trust and Deception in Virtual Societies*.

Dordrecht: Springer, 2001.

Caudwell, Catherine, and Cherie Lacey. "What Do Home Robots Want? The Ambivalent Power of Cuteness in Robotic Relationships." *Convergence*, published online before print 2 April 2019, doi: 1354856519837792.

Cerf, Vint. "PARRY Encounters the DOCTOR," Internet Engineering Task Force (IETF), 21 January 1973. Available at https://tools.ietf.org/html/rfc439. Retrieved 29 November 2019.

Ceruzzi, Paul. *A History of Modern Computing*. Cambridge, MA: MIT Press, 2003.

Chadwick, Andrew. *The Hybrid Media System: Politics and Power*. Oxford: Oxford University Press, 2017.

Chakraborti, Tathagata, and Subbarao Kambhampati. "Algorithms for the Greater Good! On Mental Modeling and Acceptable Symbiosis in Human-AI Collaboration." *ArXiv*:1801.09854, 30 January 2018.

Charlton, John. "Computer: Machines Meet Mastermind." *Guardian*, 29 August 1991.

Chemers, Michael M. "'Like unto a Lively Thing': Theatre History and Social Robotics." In *Theatre, Performance and Analogue Technology: Historical Interfaces and Intermedialities*, edited by Lara Reilly (Basingstoke, UK: Palgrave Macmillan, 2013),232 – 49.

Chen, Brian X., and Cade Metz. "Google's Duplex Uses A. I. to Mimic Humans (Sometimes)." *New York Times*, 22 May 2019. Available at https://www.nytimes.com/2019/05/22/technology/personaltech/ai-google-duplex. html. Retrieved 7 February 2020.

Cheyer, Adam. "How Did Siri Get Its Name?" *Forbes*, 12 December 2012. Available at https://www.forbes.com/sites/quora/2012/12/21/how-did-siri-get-its-name. Retrieved 12 January 2020.

Chion, Michel. *The Voice in Cinema*. New York: Columbia University Press, 1982.

"Choose the Voice of Your Google Assistant." Google, 2020. Available at http://support.google.com/assistant. Retrieved 3 January 2020.

Christian, Brian. *The Most Human Human: What Talking with Computers Teaches Us about What It Means to Be Alive*. London: Viking, 2011.

Chun, Wendy Hui Kyong. "On 'Sourcery,' or Code as Fetish." *Configurations* 16.3 (2008),299 – 324.

Chun, Wendy Hui Kyong. *Programmed Visions: Software and Memory*. Cambridge, MA: MIT Press, 2011.

Chun, Wendy Hui Kyong. *Updating to Remain the Same: Habitual New Media*. Cambridge, MA: MIT Press, 2016.

Coeckelbergh, Mark. "How to Describe and Evaluate 'Deception' Phenomena: Recasting the Metaphysics, Ethics, and Politics of ICTs in Terms of Magic and Performance and Taking a Relational and Narrative Turn." *Ethics and Information Technology* 20.2

(2018),71 - 85.

Colby, Kenneth Mark, James P. Watt, and John P. Gilbert. "A Computer Method of Psychotherapy: Preliminary Communication." *Journal of Nervous and Mental Disease* 142(1966),148 - 52.

Collins, Harry. *Artifictional Intelligence: Against Humanity's Surrender to Computers*. New York: Polity Press, 2018.

Connor, Steven. *Dumbstruck: A Cultural History of Ventriloquism*. Oxford: Oxford University Press, 2000.

"Conversations with Converse." *Independent*, 16 May 1997,2.

Conway, Flo, and Jim Siegelman. *Dark Hero of the Information Age: In Search of Norbert Wiener, the Father of Cybernetics*. New York: Basic Books, 2005.

Cook, James W. *The Arts of Deception: Playing with Fraud in the Age of Barnum*. Cambridge, MA: Harvard University Press, 2001.

Cooke, Henry. Intervention at round table discussion "Talking with Machines," Mediated Text Symposium, Loughborough University, London, 5 April 2019.

Copeland, Jack. "Colossus: Its Origins and Originators." *IEEE Annals of the History of Computing* 26(2004),38 - 45.

Copeland, Jack, ed. *The Essential Turing*. Oxford: Oxford University Press, 2004.

Copeland, Jack. *Turing: Pioneer of the Information Age*. Oxford: Oxford University Press, 2012.

Coppa, Francesca, Lawrence Hass, and James Peck, eds., *Performing Magic on the Western Stage: From the Eighteenth Century to the Present*. New York: Palgrave MacMillan, 2008.

Costanzo, William. "Language, Thinking, and the Culture of Computers." *Language Arts* 62(1985),516 - 23.

Couldry, Nick. "Liveness, 'Reality, ' and the Mediated Habitus from Television to the Mobile Phone." *Communication Review* 7.4(2004),353 - 61.

Crace, John. "The Making of the Maybot: A Year of Mindless Slogans, U-Turns and Denials." *Guardian*, 10 July 2017. Available at https://www. theguardian. com/politics/2017/jul/10/making-maybot-theresa-may-rise-and-fall. Retrieved 21 November 2019.

Crawford, Kate, and Vladan Joler. "Anatomy of an AI System." 2018. Available at https://anatomyof. ai/. Retrieved 20 September 2019.

Crevier, Daniel. *AI: The Tumultuous History of the Search for Artificial Intelligence*. New York: Basic Books, 1993.

Dainius. "54 Hilariously Honest Answers from Siri to Uncomfortable Questions You Can Ask, Too." Bored Panda, 2015. Available at https://www. boredpanda. com/best-funny-siri-responses/. Retrieved 12 January 2020.

Dale, Robert. "The Return of the Chatbots." *Natural Language Engineering* 22. 5

(2016),811 – 17.

Danaher, John. " Robot betrayal: a guide to the ethics of robotic deception. " *Ethics and Information Technology* 22.2(2020),117 – 28.

Dasgupta, Subrata. *It Began with Babbage: The Genesis of Computer Science*. Oxford: Oxford University Press, 2014.

Davy, John. "The Man in the Belly of the Beast." *Observer*, 15 August 1982,22.

December, John. "Searching for Bob." *Computer-Mediated Communication Magazine* 2.2(1995),9.

DeLoach, Scott. "Social Interfaces: The Future of User Assistance." In *PCC 98. Contemporary Renaissance: Changing the Way we Communicate. Proceedings 1998 IEEE International Professional Communication Conference* (1999),31 – 32.

Dembert, Lee. "Experts Argue Whether Computers Could Reason, and If They Should." *New York Times*, 8 May 1977,1.

Dennett, Daniel C. *The Intentional Stance*. Cambridge, MA: MIT Press, 1989.

Dennett, Daniel C. "Intentional Systems." *Journal of Philosophy* 68.4(1971), 87 – 106.

DePaulo, Bella M., Susan E. Kirkendol, Deborah A. Kashy, Melissa M. Wyer, and Jennifer A. Epstein. "Lying in Everyday Life." *Journal of Personality and Social Psychology* 70.5(1996),979 – 95.

De Sola Pool, Ithiel, Craig Dekker, Stephen Dizard, Kay Israel, Pamela Rubin, and Barry Weinstein. "Foresight and Hindsight: The Case of the Telephone." In *Social Impact of the Telephone*, edited by Ithiel De Sola Pool (Cambridge, MA: MIT Press, 1977),127 – 57.

Devlin, Kate. *Turned On: Science, Sex and Robots*. London: Bloomsbury, 2018.

Doane, Mary Ann. *The Emergence of Cinematic Time: Modernity, Contingency, the Archive*. Cambridge, MA: Harvard University Press, 2002.

Donath, Judith. "The Robot Dog Fetches for Whom?" In *A Networked Self and Human Augmentics, Artificial Intelligence, Sentience*, edited by Zizi Papacharissi (New York: Routledge, 2018),10 – 24.

Doornbusch, Paul. "Instruments from Now into the Future: The Disembodied Voice." *Sounds Australian* 62(2003): 18 – 23.

Dourish, Paul. *Where the Action Is: The Foundations of Embodied Interaction*. Cambridge, MA: MIT Press, 2001.

Downey, John, and Natalie Fenton. "New Media, Counter Publicity and the Public Sphere." *New Media & Society* 5.2(2003),185 – 202.

Dreyfus, Hubert L. *Alchemy and Artificial Intelligence*. Santa Monica, CA: Rand Corporation, 1965.

Dreyfus, Hubert L. *What Computers Can't Do: A Critique of Artificial Reason*. New York: Harper and Row, 1972.

Duerr, R. "Voice Recognition in the Telecommunications Industry." *Professional Program Proceedings. ELECTRO '96*, Somerset, NJ, USA (1996), 65 - 74.

Dumont, Henrietta. *The Lady's Oracle: An Elegant Pastime for Social Parties and the Family Circle*. Philadelphia: H. C. Peck & Theo. Bliss, 1851.

During, Simon. *Modern Enchantments: The Cultural Power of Secular Magic*. Cambridge, MA: Harvard University Press, 2002.

Dyson, Frances. *The Tone of Our Times: Sound, Sense, Economy, and Ecology*. Cambridge, MA: MIT Press, 2014.

Eco, Umberto. *Lector in Fabula*. Milan: Bombiani, 2001.

Eder, Jens, Fotis Jannidis, and Ralf Schneider, eds., *Characters in Fictional Worlds: Understanding Imaginary Beings in Literature, Film, and Other Media*. Berlin: de Gruyter, 2010.

Edgerton, David, *Shock of the Old: Technology and Global History since 1900*. Oxford: Oxford University Press, 2007.

Edison, Thomas A. "The Phonograph and Its Future." *North American Review* 126. 262(1878), 527 - 36.

Edmonds, Bruce. "The Constructibility of Artificial Intelligence (as Defined by the Turing Test)." *Journal of Logic, Language and Information* 9(2000), 419.

Edwards, Chad, Autumn Edwards, Patric R. Spence, and Ashleigh K. Shelton. "Is That a Bot Running the Social Media Feed? Testing the Differences in Perceptions of Communication Quality for a Human Agent and a Bot Agent on Twitter." *Computers in Human Behavior* 33(2014), 372 - 76.

Edwards, Elizabeth. "Material Beings: Objecthood and Ethnographic Photographs." *Visual Studies* 17.1(2002), 67 - 75.

Edwards, Paul N. *The Closed World: Computers and the Politics of Discourse in Cold War America*. Inside Technology. Cambridge, MA: MIT Press, 1996.

Ekbia, Hamid R. *Artificial Dreams: The Quest for Non-biological Intelligence*. Cambridge: Cambridge University Press, 2008.

Ellis, Bill, *Lucifer Ascending: The Occult in Folklore and Popular Culture*. Lexington: University Press of Kentucky, 2004.

Emerson, Lori. *Reading Writing Interfaces: From the Digital to the Book Bound*. Minneapolis: University of Minnesota Press, 2014.

Enns, Anthony. "Information Theory of the Soul." In *Believing in Bits: Digital Media and the Supernatural*, edited by Simone Natale and Diana W. Pasulka (Oxford: Oxford University Press, 2019), 37 - 54.

Ensmenger, Nathan. "Is Chess the Drosophila of Artificial Intelligence? A Social History of an Algorithm." *Social Studies of Science* 42.1(2012), 5 - 30.

Ensmenger, Nathan. *The Computer Boys Take Over: Computers, Programmers, and the Politics of Technical Expertise*. Cambridge, MA: MIT Press, 2010.

Epstein, Robert. "Can Machines Think? Computers Try to Fool Humans at the First Annual Loebner Prize Competition Held at the Computer Museum, Boston." *AI Magazine* 13.2(1992), 80 – 95.

Epstein, Robert. "From Russia, with Love." *Scientific American Mind*, October 2007. Available at https://www. scientificamerican. com/article/from-russia-with-love/. Retrieved 29 November 2019.

Epstein, Robert. "The Quest for the Thinking Computer." In *Parsing the Turing Test*, edited by Robert Epstein, Gary Roberts, and Grace Beber (Amsterdam: Springer, 2009), 3 – 12.

"Faraday on Table-Moving." *Athenaeum*, 2 July 1853, 801 – 3.

Fassone, Riccardo. *Every Game Is an Island: Endings and Extremities in Video Games*. London: Bloomsbury, 2017.

Feenberg, Andrew. *Transforming Technology: A Critical Theory Revisited*. Oxford: Oxford University Press, 2002.

Ferrara, Emilio, Onur Varol, Clayton Davis, Filippo Menczer, and Alessandro Flammini. "The Rise of Social Bots." *Communications of the ACM* 59.7(2016), 96 – 104.

Finn, Ed. *What Algorithms Want: Imagination in the Age of Computing*. Cambridge, MA: MIT Press, 2017.

Fisher, Eran, and Yoav Mehozay. "How Algorithms See Their Audience: Media Epistemes and the Changing Conception of the Individual." *Media, Culture & Society* 41.8(2019), 1176 – 91.

Flichy, Patrice. *The Internet Imaginaire*. Cambridge, MA: MIT Press, 2007.

Flinders, Matthew. "The (Anti-)Politics of the General Election: Funnelling Frustration in a Divided Democracy." *Parliamentary Affairs* 71.1(2018): 222 – 236.

Floridi, Luciano. "Artificial Intelligence's New Frontier: Artificial Companions and the Fourth Revolution." *Metaphilosophy* 39(2008), 651 – 55.

Floridi, Luciano. *The Fourth Revolution: How the Infosphere Is Reshaping Human Reality*. Oxford: Oxford University Press, 2014.

Floridi, Luciano, Mariarosaria Taddeo, and Matteo Turilli. "Turing's Imitation Game: Still an Impossible Challenge for All Machines and Some Judges — An Evaluation of the 2008 Loebner Contest." *Minds and Machines* 19.1(2009), 145 – 50.

Foley, Megan. "'Prove You're Human': Fetishizing Material Embodiment and Immaterial Labor in Information Networks." *Critical Studies in Media Communication* 31.5(2014), 365 – 79.

Forsythe, Diane E. *Studying Those Who Study Us: An Anthropologist in the World of Artificial Intelligence*. Stanford, CA: Stanford University Press, 2001.

Fortunati, Leopoldina, Anna Esposito, Giovanni Ferrin, and Michele Viel. "Approaching Social Robots through Playfulness and Doing-It-Yourself: Children in Action."

Cognitive Computation 6.4(2014),789 – 801.

Fortunati, Leopoldina, James E. Katz, and Raimonda Riccini, eds. *Mediating the Human Body: Technology, Communication, and Fashion*. London: Routledge, 2003.

Fortunati, Leopoldina, Anna Maria Manganelli, Filippo Cavallo, and Furio Honsell. "You Need to Show That You Are Not a Robot." *New Media & Society* 21.8(2019), 1859 – 76.

Franchi, Stefano. "Chess, Games, and Flies." *Essays in Philosophy* 6(2005),1 – 36.

Freedberg, David. *The Power of Images: Studies in the History and Theory of Response*. Chicago: University of Chicago Press, 1989.

Friedman, Ted. "Making Sense of Software: Computer Games and Interactive Textuality." In *Cybersociety: Computer-Mediated Communication and Community*, edited by Steve Jones (Thousand Oaks, CA: Sage, 1995),73 – 89.

Gadamer, Hans-Georg. *Truth and Method*. London: Sheed and Ward, 1975.

Gallagher, Rob. *Videogames, Identity and Digital Subjectivity*. London: Routledge, 2017.

Galloway, Alexander R. *Gaming: Essays on Algorithmic Culture*. Minneapolis: University of Minnesota Press, 2006.

Galloway, Alexander R. *The Interface Effect*. New York: Polity Press, 2012.

Gandy, Robin. "Human versus Mechanical Intelligence." In *Machines and Thought: The Legacy of Alan Turing*, edited by Peter Millican and Andy Clark (New York: Clarendon Press, 1999),125 – 36.

Garfinkel, Simson. *Architects of the Information Society: 35 Years of the Laboratory for Computer Science at MIT*. Cambridge, MA: MIT Press, 1999.

Gehl, Robert W. and Maria Bakardjieva, eds. *Socialbots and Their Friends: Digital Media and the Automation of Sociality*. London: Routledge, 2018.

Gell, Alfred. *Art and Agency: An Anthropological Theory*. Oxford: Clarendon Press, 1998.

Geller, Tom. "Overcoming the Uncanny Valley." *IEEE Computer Graphics and Applications* 28.4(2008),11 – 17.

Geoghegan, Bernard Dionysius. "Agents of History: Autonomous Agents and Crypto-Intelligence." *Interaction Studies* 9(2008): 403 – 14.

Geoghegan, Bernard Dionysius. "The Cybernetic Apparatus: Media, Liberalism, and the Reform of the Human Sciences." PhD diss., Northwestern University, 2012.

Geoghegan, Bernard Dionysius. "Visionäre Informatik: Notizen über Vorführungen von Automaten und Computern, 1769 – 1962." *Jahrbuch für Historische Bildungsforschung* 20(2015),177 – 98.

Giappone, Krista Bonello Rutter. "Self-Reflexivity and Humor in Adventure Games." *Game Studies* 15.1(2015). Available at http://gamestudies.org/1501/articles/bonello

_k. Retrieved 7 January 2020.

Giddens, Anthony. *The Consequences of Modernity*. London: Wiley, 2013.

Gillmor, Dan. "Bubba Meets Microsoft: Bob, You Ain't Gonna Like This." *San Jose Mercury News*, 6 May 1995, 1D.

Gitelman, Lisa. *Always Already New: Media, History and the Data of Culture*. Cambridge, MA: MIT Press, 2006.

Gitelman, Lisa. *Paper Knowledge: Toward a Media History of Documents*. Durham, NC: Duke University Press, 2014.

Gitelman, Lisa. *Scripts, Grooves, and Writing Machines: Representing Technology in the Edison Era*. Stanford, CA: Stanford University Press, 1999.

Goffman, Erving. *Frame Analysis: An Essay on the Organization of Experience*. Cambridge, MA: Harvard University Press, 1974.

Goldman, Eric. "Search Engine Bias and the Demise of Search Engine Utopianism." In *Web Search: Multidisciplinary Perspectives*, edited by Amanda Spink and Michael Zimmer (Berlin: Springer, 2008), 121 – 33.

Golumbia, David. *The Cultural Logic of Computation*. Cambridge, MA: Harvard University Press, 2009.

Gombrich, Ernst Hans. *Art and Illusion: A Study in the Psychology of Pictorial Representation*. London: Phaidon, 1977.

Gong, Li, and Clifford Nass. "When a Talking-Face Computer Agent Is Half-human and Half-humanoid: Human Identity and Consistency Preference." *Human Communication Research* 33.2(2007), 163 – 93.

Gooday, Graeme. "Re-writing the 'Book of Blots': Critical Reflections on Histories of Technological 'Failure.'" *History and Technology* 14(1998), 265 – 91.

Goode, Luke. "Life, but Not as We Know It: AI and the Popular Imagination." *Culture Unbound: Journal of Current Cultural Research* 10(2018), 185 – 207.

Goodfellow, Ian, Yoshua Bengio, and Aaron Courville. *Deep Learning*. Cambridge, MA: MIT Press, 2016.

"Google Assistant." Google, 2019. Available at https://assistant.google.com/. Retrieved 12 December 2019.

Granström, Helena, and Bo Göranzon. "Turing's Man: A Dialogue." *AI & Society* 28.1(2013), 21 – 25.

Grau, Oliver. *Virtual Art: From Illusion to Immersion*. Cambridge, MA: MIT Press, 2003.

Greenberger, Martin. "The Two Sides of Time Sharing." Working paper, Sloan School of Management and Project MAC, Massachusetts Institute of Technology, 1965.

Greenfield, Adam. *Radical Technologies: The Design of Everyday Life*. New York: Verso, 2017.

Grudin, Jonathan. "The Computer Reaches Out: The Historical Continuity of Interface

Design." In *Proceedings of the SIGCHI Conference on Human Factors in Computing Systems* (Chicago: ACM, 1990), 261 – 68.

Grudin, Jonathan. "Turing Maturing: The Separation of Artificial Intelligence and Human-Computer Interaction." *Interactions* 13(2006), 54 – 57.

Gunkel, David J. "Communication and Artificial Intelligence: Opportunities and Challenges for the 21st Century." *Communication+1* 1.1(2012): 1 – 25.

Gunkel, David J. *Gaming the System: Deconstructing Video Games, Games Studies, and Virtual Worlds*. Bloomington: Indiana University Press, 2018.

Gunkel, David J. *An Introduction to Communication and Artificial Intelligence*. Cambridge: Polity Press, 2020.

Gunkel, David J. *The Machine Question: Critical Perspectives on AI, Robots, and Ethics*. MIT Press, 2012.

Gunkel, David J. "Other Things: AI, Robots, and Society." In *A Networked Self and Human Augmentics, Artificial Intelligence, Sentience*, edited by Zizi Papacharissi (New York: Routledge, 2018), 51 – 68.

Gunkel, David J. *Robot Rights*. Cambridge, MA: MIT Press, 2018.

Gunkel, David J. "Second Thoughts: Toward a Critique of the Digital Divide." *New Media & Society* 5.4(2003), 499 – 522.

Gunning, Tom. "An Aesthetic of Astonishment: Early Film and the (In)credulous Spectator." *Art and Text* 34(1989), 31 – 45.

Gunning, Tom. "Heard over the Phone: The Lonely Villa and the de Lorde Tradition of the Terrors of Technology." *Screen* 32.2(1991), 184 – 96.

Guzman, Andrea L. "Beyond Extraordinary: Theorizing Artificial Intelligence and the Self in Daily Life." In *A Networked Self and Human Augmentics, Artificial Intelligence, Sentience*, edited by Zizi Papacharissi (New York: Routledge, 2018), 83 – 96.

Guzman, Andrea L., ed. *Human-Machine Communication: Rethinking Communication, Technology, and Ourselves*. New York: Peter Lang, 2018.

Guzman, Andrea L. "Imagining the Voice in the Machine: The Ontology of Digital Social Agents." PhD diss., University of Illinois at Chicago, 2015.

Guzman, Andrea L. "Making AI Safe for Humans: A Conversation with Siri." In *Socialbots and Their Friends: Digital Media and the Automation of Sociality*, edited by Robert W. Gehl and Maria Bakardjieva (London: Routledge, 2017), 69 – 85.

Guzman, Andrea L. "The Messages of Mute Machines: Human-Machine Communication with Industrial Technologies." *Communication+1* 5.1(2016), 1 – 30.

Guzman, Andrea L. "Voices in and of the Machine: Source Orientation toward Mobile Virtual Assistants." *Computers in Human Behavior* 90(2019), 343 – 50.

Guzman, Andrea L., and Seth C. Lewis. "Artificial Intelligence and Communication: A Human-Machine Communication Research Agenda." *New Media & Society* 22.1

(2020),70 - 86.

Haken, Hermann, Anders Karlqvist, and Uno Svedin, eds. *The Machine as Metaphor and Tool*. Berlin: Springer, 1993.

Hall, Stuart, ed. *Representation: Cultural Representations and Signifying Practices*. London: Sage, 1997.

Ham, Jaap, Raymond H. Cuijpers, and John-John Cabibihan. "Combining Robotic Persuasive Strategies: The Persuasive Power of a Storytelling Robot That Uses Gazing and Gestures." *International Journal of Social Robotics* 7(2015),479 - 87.

Harnad, Stevan. "The Turing Test Is Not a Trick: Turing Indistinguishability Is a Scientific Criterion." *SIGART Bulletin* 3.4(1992),9 - 10.

Hayes, Joy Elizabeth, and Kathleen Battles. "Exchange and Interconnection in US Network Radio: A Reinterpretation of the 1938 War of the Worlds Broadcast." *Radio Journal: International Studies in Broadcast & Audio Media* 9.1(2011),51 - 62.

Hayles, N. Katherine. *How We Became Posthuman: Virtual Bodies in Cybernetics, Literature, and Informatics*. Chicago: University of Chicago Press, 1999.

Hayles, N. Katherine. *How We Think: Digital Media and Contemporary Technogenesis*. Chicago: University of Chicago Press, 2012.

Hayles, N. Katherine. *Writing Machines*. Cambridge, MA: MIT Press, 2002.

Haugeland, John. *Artificial Intelligence: The Very Idea*. Cambridge, MA: MIT Press, 1985.

Heidorn, George E. "English as a Very High Level Language for Simulation Programming." *ACM SIGPLAN Notices* 9.4(1974),91 - 100.

Heyer, Paul. "America under Attack I: A Reassessment of Orson Welles' 1938 War of the Worlds Broadcast." *Canadian Journal of Communication* 28.2(2003),149 - 66.

Henrickson, Leah. "Computer-Generated Fiction in a Literary Lineage: Breaking the Hermeneutic Contract." *Logos* 29.2 - 3(2018),54 - 63.

Henrickson, Leah. "Tool vs. Agent: Attributing Agency to Natural Language Generation Systems." *Digital Creativity* 29.2 - 3(2018): 182 - 90.

Henrickson, Leah. "Towards a New Sociology of the Text: The Hermeneutics of Algorithmic Authorship." PhD diss., Loughborough University, 2019.

Hepp, Andreas. "Artificial Companions, Social Bots and Work Bots: Communicative Robots as Research Objects of Media and Communication Studies." *Media, Culture and Society* 42.7 - 8(2020),1410 - 26.

Hepp, Andreas. *Deep Mediatization.* London: Routledge, 2019.

Hester, Helen. "Technically Female: Women, Machines, and Hyperemployment." *Salvage* 3 (2016). Available at https://salvage. zone/in-print/technically-female-women-machines-and-hyperemployment. Retrieved 30 December 2019.

Hicks, Marie. *Programmed Inequality: How Britain Discarded Women Technologists and Lost Its Edge in Computing*. Cambridge, MA: MIT Press, 2017.

Highmore, Ben. "Machinic Magic: IBM at the 1964 – 1965 New York World's Fair."
New Formations 51.1(2003),128 – 48.

Hill, David W. "The Injuries of Platform Logistics." *Media, Culture & Society*,
published online before print 21 July 2019, doi: 0163443719861840.

Hjarvard, Stig. "The Mediatisation of Religion: Theorising Religion, Media and Social
Change." *Culture and Religion* 12.2(2011),119 – 35.

Hofer, Margaret K. *The Games We Played: The Golden Age of Board and Table
Games*. New York: Princeton Architectural Press, 2003.

Hoffman, Donald D. *The Case against Reality: How Evolution Hid the Truth from Our
Eyes*. London: Penguin, 2019.

Hollings, Christopher, Ursula Martin, and Adrian Rice. *Ada Lovelace: The Making of
a Computer Scientist*. Oxford: Bodleian Library, 2018.

Holtgraves, T. M., Stephen J. Ross, C. R. Weywadt, and T. L. Han. "Perceiving
Artificial Social Agents." *Computers in Human Behavior* 23(2007),2163 – 74.

Hookway, Branden. *Interface*. Cambridge, MA: MIT Press, 2014.

Hoy, Matthew B. "Alexa, Siri, Cortana, and More: An Introduction to Voice
Assistants." *Medical Reference Services Quarterly* 37.1(2018),81 – 88.

Hu, Tung-Hui. *A Prehistory of the Cloud*. Cambridge, MA: MIT Press, 2015.

Huhtamo, Erkki. "Elephans Photographicus: Media Archaeology and the History of
Photography." In *Photography and Other Media in the Nineteenth Century*, edited by
Nicoletta Leonardi and Simone Natale (University Park: Penn State University Press,
2018),15 – 35.

Huhtamo, Erkki. *Illusions in Motion: Media Archaeology of the Moving Panorama
and Related Spectacles*. Cambridge, MA: MIT Press, 2013.

Humphry, Justine, and Chris Chesher. "Preparing for Smart Voice Assistants: Cultural
Histories and Media Innovations." *New Media and Society*, published online before
print 22 May 2020, doi: 10.1177/1461444820923679.

Humphrys, Mark. "How My Program Passed the Turing Test." In *Parsing the Turing
Test*, edited by Robert Epstein, Gary Roberts, and Grace Beber (Amsterdam:
Springer), 237 – 60.

Hutchens, Jason L. "How to Pass the Turing Test by Cheating." Research report.
School of Electrical, Electronic and Computer Engineering, University of Western
Australia, Perth, 1997.

Huizinga, Johan. *Homo Ludens: A Study of the Play Element in Culture*. London:
Maurice Temple Smith, 1970.

Hwang, Tim, Ian Pearce, and Max Nanis. "Socialbots: Voices from the Fronts."
Interactions 19.2(2012),38 – 45.

Hyman, R. "The Psychology of Deception." *Annual Review of Psychology* 40(1989),
133 – 54.

Idone Cassone, Vincenzo and Mattia Thibault. "I Play, Therefore I Believe." In *Believing in Bits: Digital Media and the Supernatural*, edited by Simone Natale and Diana W. Pasulka (Oxford: Oxford University Press, 2019),73 – 90.

"I Think, Therefore I'm RAM." *Daily Telegraph*, 26 December 1997,14.

Jastrow, Joseph. *Fact and Fable in Psychology*. Boston: Houghton Mifflin, 1900.

Jerz, Dennis G. "Somewhere Nearby Is Colossal Cave: Examining Will Crowther's Original 'Adventure' in Code and in Kentucky." *Digital Humanities Quarterly* 1. 2 (2007). Available at http://www. digitalhumanities. org/dhq/vol/1/2/000009/000009. html. Retrieved 7 January 2020.

Johnson, Steven. *Wonderland: How Play Made the Modern World*. London: Pan Macmillan, 2016.

Johnston, John. *The Allure of Machinic Life: Cybernetics, Artificial Life, and the New AI*. Cambridge, MA: MIT Press, 2008.

Jones, Paul. "The Technology Is Not the Cultural Form? Raymond Williams's Sociological Critique of Marshall McLuhan." *Canadian Journal of Communication* 23. 4(1998),423 – 46.

Jones, Steve. "How I Learned to Stop Worrying and Love the Bots." *Social Media and Society* 1(2015),1 – 2.

Jørgensen, Kristine. *Gameworld Interfaces*. Cambridge, MA: MIT Press, 2013.

Juul, Jesper. *Half-Real: Video Games between Real Rules and Fictional Worlds*. Cambridge, MA: MIT Press, 2011.

Karppi, Tero. *Disconnect: Facebook's Affective Bonds*. Minneapolis: University of Minnesota Press, 2018.

Katzenbach, Christian, and Lena Ulbricht. "Algorithmic governance." *Internet Policy Review* 8. 4 (2019). Available at https://policyreview. info/concepts/algorithmic-governance. Retrieved 10 November 2020.

Kelion, Leo. "Amazon Alexa Gets Samuel L Jackson and Celebrity Voices." *BBC News*, 25 September 2019. Available at https://www. bbc. co. uk/news/technology-49829391. Retrieved 12 December 2019.

Kelleher, John D. *Deep Learning*. Cambridge, MA: MIT Press, 2019.

Kim, Youjeong, and S. Shyam Sundar. "Anthropomorphism of Computers: Is It Mindful or Mindless?" *Computers in Human Behavior* 28.1(2012),241 – 50.

King, William Joseph. "Anthropomorphic Agents: Friend, Foe, or Folly" *HITL Technical Memorandum* M – 95 – 1(1995). Avalailable at http://citeseerx. ist. psu. edu/viewdoc/download?doi=10. 1. 1. 57. 3474&rep=rep1&type=pdf. Retrieved 10 November 2020.

Kirschenbaum, Matthew G. *Mechanisms: New Media and the Forensic Imagination*. Cambridge, MA: MIT Press, 2008.

Kittler, Friedrich. *Gramophone, Film, Typewriter*. Stanford, CA: Stanford University

Press, 1999.

Kline, Ronald R. "Cybernetics, Automata Studies, and the Dartmouth Conference on Artificial Intelligence." *IEEE Annals of the History of Computing* 33(2011), 5‒16.

Kline, Ronald R. *The Cybernetics Moment: Or Why We Call Our Age the Information Age*. Baltimore: John Hopkins University Press, 2015.

Kohler, Robert. *Lords of the Fly: Drosophila Genetics and the Experimental Life*. Chicago: University of Chicago Press, 1994.

Kocurek, Carly A. "The Agony and the Exidy: A History of Video Game Violence and the Legacy of Death Race." *Game Studies* 12. 1（2012）. Available at http://gamestudies. org/1201/articles/carly_kocurek. Retrieved 10 February 2020.

Korn, James H. *Illusions of Reality: A History of Deception in Social Psychology*. Albany: State University of New York Press, 1997.

Krajewski, Markus. *The Server: A Media History from the Present to the Baroque*. New Haven, CT: Yale University Press, 2018.

Kris, Ernst and Otto Kurz. *Legend, Myth, and Magic in the Image of the Artist: A Historical Experiment*. New Haven, CT: Yale University Press, 1979.

Kurzweil, Ray. *The Singularity Is Near: When Humans Transcend Biology*. London: Penguin, 2005.

Laing, Dave. "A Voice without a Face: Popular Music and the Phonograph in the 1890s." *Popular Music* 10. 1(1991), 1‒9.

Lakoff, George, and Mark Johnson. *Metaphor We Live By*. Chicago: University of Chicago Press, 1980.

Lamont, Peter. *Extraordinary Beliefs: A Historical Approach to a Psychological Problem*. Cambridge: Cambridge University Press, 2013.

Langer, Ellen J. "Matters of Mind: Mindfulness/Mindlessness in Perspective." *Consciousness and Cognition* 1. 3(1992), 289‒305.

Lanier, Jaron. *You Are Not a Gadget*. London: Penguin Books, 2011.

Lankoski, Petri. "Player Character Engagement in Computer Games." *Games and Culture* 6(2011), 291‒311.

Latour, Bruno. *Pandora's Hope: Essays on the Reality of Science Studies*. Cambridge, MA: Harvard University Press, 1999.

Latour, Bruno. *The Pasteurization of France*. Cambridge, MA: Harvard University Press, 1993.

Latour, Bruno. *We Have Never Been Modern*. Cambridge, MA: Harvard University Press, 1993.

Laurel, Brenda. *Computers as Theatre*. Upper Saddle River, NJ: Addison-Wesley, 2013.

Laurel, Brenda. "Interface Agents: Metaphors with Character." In *Human Values and the Design of Computer Technology*, edited by Batya Friedman (Stanford, CA: CSLI,

1997),207 - 19.

Lee, Kwan Min. "Presence, Explicated." *Communication Theory* 14.1(2004),27 - 50.

Leeder, Murray. *The Modern Supernatural and the Beginnings of Cinema*. Basingstoke, UK: Palgrave Macmillan, 2017.

Leff, Harvey S. , and Andrew F. Rex, eds. *Maxwell's Demon: Entropy, Information, Computing*. Princeton, NJ: Princeton University Press, 2014.

Leja, Michael. *Looking Askance: Skepticism and American Art from Eakins to Duchamp*. Berkeley: University of California Press, 2004.

Leonard, Andrew. *Bots: The Origin of a New Species*. San Francisco: HardWired, 1997.

Lesage, Frédérik. "A Cultural Biography of Application Software." In *Advancing Media Production Research: Shifting Sites, Methods, and Politics*, edited by Chris Paterson, D. Lee, A. Saha, and A. Zoellner (London: Palgrave, 2015),217 - 32.

Lesage, Frédérik. "Popular Digital Imaging: Photoshop as Middlebroware." In *Materiality and Popular Culture*, edited by Anna Malinowska and Karolina Lebek (London: Routledge, 2016),88 - 99.

Lesage, Frederik, and Simone Natale. "Rethinking the Distinctions between Old and New Media: Introduction." *Convergence* 25.4(2019),575 - 89.

Leslie, Ian. "Why Donald Trump Is the First Chatbot President." *New Statesman*, 13 November 2017. Available at https://www. newstatesman. com/world/north-america/2017/11/why-donald-trump-first-chatbot-president. Retrieved 27 November 2019.

Lessard, Jonathan. "Adventure before Adventure Games: A New Look at Crowther and Woods's Seminal Program." *Games and Culture* 8(2013),119 - 35.

Lessard, Jonathan, and Dominic Arsenault. "The Character as Subjective Interface." In *International Conference on Interactive Digital Storytelling* (Cham, Switzerland: Springer, 2016),317 - 324.

Lester, James C. , S. Todd Barlow, Sharolyn A. Converse, Brian A. Stone, Susan E. Kahler, and Ravinder S. Bhogal. "Persona Effect: Affective Impact of Animated Pedagogical Agents." *CHI '97: Proceedings of the ACM SIGCHI Conference on Human Factors in Computing Systems* (1997),359 - 66.

Levesque, Hector J. *Common Sense, the Turing Test, and the Quest for Real AI: Reflections on Natural and Artificial Intelligence*. Cambridge, MA: MIT Press, 2017.

Licklider, Joseph C. R. "Man-Computer Symbiosis." *IRE Transactions on Human Factors in Electronics* HFE - 1(1960): 4 - 11.

Licklider, Joseph C. R. , and Robert W. Taylor. "The Computer as a Communication Device." *Science and Technology* 2(1968),2 - 5.

Liddy, Elizabeth D. "Natural Language Processing." In *Encyclopedia of Library and Information Science* (New York: Marcel Decker, 2001). Available at https://surface.

syr. edu/cgi/viewcontent. cgi? filename = 0&article = 1043&context = istpub &type = additional. Retrieved 8 November 2020.

Lighthill, James. "Artificial Intelligence: A General Survey." In *Artificial Intelligence: A Paper Symposium* (London: Science Research Council, 1973),1 - 21.

Lindquist, Christopher. "Quest for Machines That Think." *Computerworld*, 18 November 1991,22.

Lipartito, Kenneth. "Picturephone and the Information Age: The Social Meaning of Failure." *Technology and Culture* 44(2003),50 - 81.

Lippmann, Walter. *Public Opinion*. New York: Harcourt, Brace, 1922.

Littlefield, Melissa M. *The Lying Brain: Lie Detection in Science and Science Fiction*. Ann Arbor: University of Michigan Press, 2011.

Liu, Lydia H. *The Freudian Robot: Digital Media and the Future of the Unconscious*. Chicago: University of Chicago Press, 2010.

Loebner, Hugh. "The Turing Test." *New Atlantis* 12(2006),5 - 7.

Loiperdinger, Martin. "Lumi ere's Arrival of the Train: Cinema's Founding Myth." *Moving Image* 4.1(2004),89 - 118.

Lomborg, Stine, and Patrick Heiberg Kapsch. "Decoding Algorithms." *Media, Culture & Society* 42.5(2019),745 - 61.

Luger, George F., and Chayan Chakrabarti. "From Alan Turing to Modern AI: Practical Solutions and an Implicit Epistemic Stance." *AI & Society* 32.3(2017),321 - 38.

Luka Inc. "Replika." Available at https://replika. ai/. Retrieved 30 December 2019.

Łupkowski, Paweł, and Aleksandra Rybacka. "Non-cooperative Strategies of Players in the Loebner Contest." *Organon F* 23.3(2016),324 - 65.

MacArthur, Emily. "The iPhone Erfahrung: Siri, the Auditory Unconscious, and Walter Benjamin's Aura." In *Design, Mediation, and the Posthuman*, edited by Dennis M. Weiss, Amy D. Propen, and Colbey Emmerson Reid (Lanham, MD: Lexington Books, 2014),113 - 27.

Mackenzie, Adrian. "The Performativity of Code Software and Cultures of Circulation." *Theory, Culture & Society* 22(2005),71 - 92.

Mackinnon, Lee. "Artificial Stupidity and the End of Men." *Third Text* 31.5 - 6(2017), 603 - 17.

Magid, Lawrence. "Microsoft Bob: No Second Chance to Make a First Impression." *Washington Post*, 16 January 1995, F18.

Mahon, James Edwin. "The Definition of Lying and Deception." In *The Stanford Encyclopedia of Philosophy*, edited by Edward N. Zalta. 2015. Available at https://plato. stanford. edu/archives/win2016/entries/lying-definition/. Retrieved 15 July 2020.

Mahoney, Michael S. "What Makes the History of Software Hard." *IEEE Annals of the History of Computing* 30.3(2008),8 - 18.

Malin, Brenton J. *Feeling Mediated: A History of Media Technology and Emotion in*

America. New York: New York University Press, 2014.

Manes, Stephen. "Bob: Your New Best Friend's Personality Quirks." *New York Times*, 17 January 1995, C8.

Manning, Christopher D., Prabhakar Raghavan, and Hinrich Schütze. *Introduction to Information Retrieval*. Cambridge: Cambridge University Press, 2008.

Manon, Hugh S. "Seeing through Seeing through: The Trompe l'oeil Effect and Bodily Difference in the Cinema of Tod Browning." *Framework* 47.1(2006), 60 – 82.

Manovich, Lev. "How to Follow Software Users." available at http://manovich.net/content/04-projects/075-how-to-follow-software-users/72_article_2012.pdf. Retrieved 10 February 2020.

Manovich, Lev. *The Language of New Media*. Cambridge, MA: MIT Press, 2002.

Marenko, Betti, and Philip Van Allen. "Animistic Design: How to Reimagine Digital Interaction between the Human and the Nonhuman." *Digital Creativity* 27.1(2016): 52 – 70.

Marino, Mark C. "I, Chatbot: The Gender and Race Performativity of Conversational Agents." PhD diss., University of California Riverside, 2006.

Markoff, John. "Can Machines Think? Humans Match Wits." *New York Times*, 8 November 1991, 1.

Markoff, John. "So Who's Talking: Human or Machine?" *New York Times*, 5 November 1991, C1.

Markoff, John. "Theaters of High Tech." *New York Times*, 12 January 1992, 15.

Martin, Clancy W., ed. *The Philosophy of Deception*. Oxford: Oxford University Press, 2009.

Martin, C. Dianne. "The Myth of the Awesome Thinking Machine." *Communications of the ACM* 36(1993): 120 – 33.

Mauldin, Michael L. "ChatterBots, TinyMuds, and the Turing Test: Entering the Loebner Prize Competition." *Proceedings of the National Conference on Artificial Intelligence* 1(1994), 16 – 21.

McCarthy, John. "Information." *Scientific American* 215.3(1966), 64 – 72.

McCorduck, Pamela. *Machines Who Think: A Personal Inquiry into the History and Prospects of Artificial Intelligence*. San Francisco: Freeman, 1979.

McCracken, Harry. "The Bob Chronicles." *Technologizer*, 29 March 2010. Available at https://www.technologizer.com/2010/03/29/microsoft-bob/. Retrieved 19 November 2019.

McCulloch, Warren, and Walter Pitts. "A Logical Calculus of the Ideas Immanent in Nervous Activity." *Bulletin of Mathematical Biology* 5(1943): 115 – 33.

McKee, Heidi. *Professional Communication and Network Interaction: A Rhetorical and Ethical Approach*. London: Routledge, 2017.

McKelvey, Fenwick. *Internet Daemons: Digital Communications Possessed*.

Minneapolis: University of Minnesota Press, 2018.

McLean, Graeme, and Ko Osei-frimpong. "Hey Alexa ... Examine the Variables Influencing the Use of Artificial Intelligent In-home Voice Assistants." *Computers in Human Behavior* 99(2019),28 – 37.

McLuhan, Marshall. *Understanding Media: The Extensions of Man*. Toronto: McGraw-Hill, 1964.

Meadow, Charles T. *Man-Machine Communication*. New York: Wiley, 1970.

Messeri, Lisa, and Janet Vertesi. "The Greatest Missions Never Flown: Anticipatory Discourse and the Projectory in Technological Communities." *Technology and Culture* 56.1(2015),54 – 85.

"Microsoft Bob." Toastytech.com, Available at http://toastytech.com/guis/bob.html. Retrieved 19 November 2019.

"Microsoft Bob Comes Home: A Breakthrough in Home Computing." PR Newswire Association, 7 January 1995,11:01 ET.

Miller, Kiri. "Grove Street Grimm: Grand Theft Auto and Digital Folklore." *Journal of American Folklore* 121.481(2008),255 – 85.

Mindell, David. *Between Human and Machine: Feedback, Control, and Computing before Cybernetics*. Baltimore: Johns Hopkins University Press, 2002.

Minsky, Marvin. "Artificial Intelligence." *Scientific American* 215(1966),246 – 60.

Minsky, Marvin. "Problems of Formulation for Artificial Intelligence." *Proceedings of Symposia in Applied Mathematics* 14(1962),35 – 46.

Minsky, Marvin, ed. *Semantic Information Processing*. Cambridge, MA: MIT Press, 1968.

Minsky, Marvin. *The Society of Mind*. New York: Simon and Schuster, 1986.

Minsky, Marvin. "Some Methods of Artificial Intelligence and Heuristic Programming." *Proceeding of the Symposium on the Mechanization of Thought Processes* 1 (1959),3 – 25.

Minsky, Marvin. "Steps toward Artificial Intelligence." *Proceedings of the IRE* 49.1 (1961),8 – 30.

Monroe, John Warne. *Laboratories of Faith: Mesmerism, Spiritism, and Occultism in Modern France*. Ithaca, NY: Cornell University Press, 2008.

Montfort, Nick. "Zork." In *Space Time Play*, edited by Friedrich von Borries, Steffen P. Walz, and Matthias Böttger (Basel, Switzerland: Birkhäuser, 2007),64 – 65.

Moor, James H, ed. *The Turing Test: The Elusive Standard of Artificial Intelligence*. Dordrecht, Netherlands: Kluwer Academic, 2003.

Moore, Matthew. "Alexa, Why Are You a Bleeding-Heart Liberal?" *Times* (London), 12 December 2017. Available at https://www.thetimes.co.uk/article/8869551e-dea5-11e7-872d-4b5e82b139be. Retrieved 15 December 2019.

Moore, Phoebe. "The Mirror for (Artificial) Intelligence in Capitalism." *Comparative*

Labour Law and Policy Journal 44.2(2020),191 – 200.

Moravec, Hans. *Mind Children: The Future of Robot and Human Intelligence.* Cambridge, MA: Harvard University Press, 1988.

Mori, Masahiro. "The Uncanny Valley." *IEEE Spectrum*, 12 June 2012. Available at https://spectrum.ieee.org/automaton/robotics/humanoids/the-uncanny-valley. Retrieved 9 November 2020.

Morus, Iwan Rhys. *Frankenstein's Children: Electricity, Exhibition, and Experiment in Early-Nineteenth-Century London.* Princeton, NJ: Princeton University Press, 1998.

Mosco, Vincent. *The Digital Sublime: Myth, Power, and Cyberspace.* Cambridge, MA: MIT Press, 2004.

Müggenburg, Jan. "Lebende Prototypen und lebhafte Artefakte. Die (Un-) Gewissheiten Der Bionik." *Ilinx — Berliner Beiträge Zur Kulturwissenschaft* 2(2011),1 – 21.

Muhle, Florian. "Embodied Conversational Agents as Social Actors? Sociological Considerations in the Change of Human-Machine Relations in Online Environments." In *Socialbots and Their Friends: Digital Media and the Automation of Sociality*, edited by Robert W. Gehl and Maria Bakardjeva (London: Routledge, 2017),86 – 109.

Mühlhoff, Rainer. "Human-Aided Artificial Intelligence: Or, How to Run Large Computations in Human Brains? Toward a Media Sociology of Machine Learning." *New Media and Society*, published online before print 6 November 2019, doi: 10. 1177/1461444819885334.

Münsterberg, Hugo. *American Problems from the Point of View of a Psychologist.* New York: Moffat, 1910.

Münsterberg, Hugo. *The Film: A Psychological Study.* New York: Dover, 1970.

Murray, Janet H. *Hamlet on the Holodeck: The Future of Narrative in Cyberspace.* Cambridge, MA: MIT Press, 1998.

Muse's, Charles, ed. *Aspects of the Theory of Artificial Intelligence: Proceedings.* New York: Plenum Press, 1962.

Nadis, Fred. *Wonder Shows: Performing Science, Magic, and Religion in America.* New Brunswick, NJ: Rutgers University Press, 2005.

Nagel, Thomas. "What Is It Like to Be a Bat?" *Philosophical Review* 83.4(1974),435 – 50.

Nagy, Peter, and Gina Neff. "Imagined Affordance: Reconstructing a Keyword for Communication Theory." *Social Media and Society* 1. 2 (2015), doi: 10. 1177/2056305115603385.

Nass, Clifford, and Scott Brave. *Wired for Speech: How Voice Activates and Advances the Human-Computer Relationship.* Cambridge, MA: MIT Press, 2005.

Nass, Clifford, and Youngme Moon. "Machines and Mindlessness: Social Responses to Computers." *Journal of Social Issues* 56.1(2000),81 – 103.

Natale, Simone. "All That's Liquid." *New Formations* 91(2017), 121 – 23.

Natale, Simone. "Amazon Can Read Your Mind: A Media Archaeology of the Algorithmic Imaginary." In *Believing in Bits: Digital Media and the Supernatural*, edited by Simone Natale and Diana Pasulka (Oxford: Oxford University Press, 2019), 19 – 36.

Natale, Simone. "The Cinema of Exposure: Spiritualist Exposés, Technology, and the Dispositif of Early Cinema." *Recherches Sémiotiques/Semiotic Inquiry* 31.1(2011), 101 – 17.

Natale, Simone. "Communicating through or Communicating with: Approaching Artificial Intelligence from a Communication and Media Studies Perspective." *Communication Theory*, published online before print 24 September 2020. Available at https://doi.org/10.1093/ct/qtaa022. Retrieved 11 November 2020.

Natale, Simone. "If Software Is Narrative: Joseph Weizenbaum, Artificial Intelligence and the Biographies of ELIZA." *New Media & Society* 21.3(2018), 712 – 28.

Natale, Simone. "Introduction: New Media and the Imagination of the Future." *Wi: Journal of Mobile Media* 8.2(2014), 1 – 8.

Natale, Simone. *Supernatural Entertainments: Victorian Spiritualism and the Rise of Modern Media Culture*. University Park: Penn State University Press, 2016.

Natale, Simone. "Unveiling the Biographies of Media: On the Role of Narratives, Anecdotes and Storytelling in the Construction of New Media's Histories." *Communication Theory* 26.4(2016), 431 – 49.

Natale, Simone. "Vinyl Won't Save Us: Reframing Disconnection as Engagement." *Media, Culture and Society* 42.4(2020), 626 – 33.

Natale, Simone, and Andrea Ballatore. "Imagining the Thinking Machine: Technological Myths and the Rise of Artificial Intelligence." *Convergence: The International Journal of Research into New Media Technologies* 26(2020), 3 – 18.

Natale, Simone, Paolo Bory, and Gabriele Balbi. "The Rise of Corporational Determinism: Digital Media Corporations and Narratives of Media Change." *Critical Studies in Media Communication* 36.4(2019), 323 – 38.

Natale, Simone, and Diana W. Pasulka, eds. *Believing in Bits: Digital Media and the Supernatural*. Oxford: Oxford University Press, 2019.

Neff, Gina, and Peter Nagy. "Talking to Bots: Symbiotic Agency and the Case of Tay." *International Journal of Communication* 10(2016), 4915 – 31.

Neudert, Lisa-Maria. "Future Elections May Be Swayed by Intelligent, Weaponized Chatbots." *MIT Technology Review* 121.5(2018), 72 – 73.

Newell, Allen, John Calman Shaw, and Herbert A. Simon. "Chess-Playing Programs and the Problem of Complexity." *IBM Journal of Research and Development* 2 (1958): 320 – 35.

Newton, Julianne H. "Media Ecology." In *The International Encyclopedia of*

Communication, edited by W. Donsbach (London: Wiley, 2015), 1 – 5.

Nickerson, Raymond S., Jerome I. Elkind, and Jaime R. Carbonell. "Human Factors and the Design of Time Sharing Computer Systems." *Human Factors* 10.2(1968), 127 – 33.

Niculescu, Andreea, Betsy van Dijk, Anton Nijholt, Haizhou Li, and Swee Lan See. "Making Social Robots More Attractive: The Effects of Voice Pitch, Humor and Empathy." *International Journal of Social Robotics* 5.2(2013), 171 – 91.

Nilsson, Nils J. *The Quest for Artificial Intelligence*. Cambridge: Cambridge University Press, 2013.

Nishimura, Keiko. "Semi-autonomous Fan Fiction: Japanese Character Bots and Non-human Affect." In *Socialbots and Their Friends: Digital Media and the Automation of Sociality*, edited by Robert W. Gehl and Maria Bakardjieva (London: Routledge, 2018), 128 – 44.

Noakes, Richard J. "Telegraphy Is an Occult Art: Cromwell Fleetwood Varley and the Diffusion of Electricity to the Other World." *British Journal for the History of Science* 32.4(1999), 421 – 59.

Noble, Safiya Umoja. *Algorithms of Oppression: How Search Engines Reinforce Racism*. New York: New York University Press, 2018.

Norman, Donald A. *Emotional Design: Why We Love (or Hate) Everyday Things*. New York: Basic Books, 2004.

North, Dan. "Magic and Illusion in Early Cinema." *Studies in French Cinema* 1(2001), 70 – 79.

"Number of Digital Voice Assistants in Use Worldwide from 2019 to 2023." *Statista*, 14 November 2019. Available at https://www. statista. com/statistics/973815/worldwide-digital-voice-assistant-in-use/. Retrieved 10 February 2020.

Oettinger, Anthony G. "The Uses of Computers in Science." *Scientific American* 215.3 (1966), 160 – 72.

O'Leary, Daniel E. "Google's Duplex: Pretending to Be Human." *Intelligent Systems in Accounting, Finance and Management* 26.1(2019), 46 – 53.

Olson, Christi, and Kelly Kemery. "From Answers to Action: Customer Adoption of Voice Technology and Digital Assistants." *Microsoft Voice Report*, 2019. Available at https://about. ads. microsoft. com/en-us/insights/2019-voice-report. Retrieved 20 December 2019.

Ortoleva, Peppino. *Mediastoria*. Milan: Net, 2002.

Ortoleva, Peppino. *Miti a bassa intensità*. Turin: Einaudi, 2019.

Ortoleva, Peppin. "Modern Mythologies, the Media and the Social Presence of Technology." *Observatorio (OBS) Journal*, 3(2009), 1 – 12.

Ortoleva, Peppino. "Vite Geniali: Sulle biografie aneddotiche degli inventori." *Intersezioni* 1(1996), 41 – 61.

Papacharissi, Zizi, ed. *A Networked Self and Human Augmentics, Artificial Intelligence, Sentience*. New York: Routledge, 2019.

Parikka, Jussi. *What Is Media Archaeology?* Cambridge: Polity Press, 2012.

Parisi, David. *Archaeologies of Touch: Interfacing with Haptics from Electricity to Computing*. Minneapolis: University of Minnesota Press, 2018.

Park, David W., Nick Jankowski, and Steve Jones, eds. *The Long History of New Media: Technology, Historiography, and Contextualizing Newness*. New York: Peter Lang, 2011.

Pask, Gordon. "A Discussion of Artificial Intelligence and Self-Organization." *Advances in Computers* 5(1964), 109 – 226.

Peters, Benjamin. *How Not to Network a Nation: The Uneasy History of the Soviet Internet*. Cambridge, MA: MIT Press, 2016.

Peters, John Durham. *The Marvelous Cloud: Towards a Philosophy of Elemental Media*. Chicago: University of Chicago Press, 2015.

Peters, John Durham. *Speaking into the Air: A History of the Idea of Communication*. Chicago: University of Chicago Press, 1999.

Pettit, Michael. *The Science of Deception: Psychology and Commerce in America*. Chicago: University of Chicago Press, 2013.

Phan, Thao. "The Materiality of the Digital and the Gendered Voice of Siri." *Transformations* 29(2017), 23 – 33.

Picard, Rosalind W. *Affective Computing*. Cambridge, MA: MIT Press, 2000.

Picker, John M. "The Victorian Aura of the Recorded Voice." *New Literary History* 32.3(2001), 769 – 86.

Pickering, Michael. *Stereotyping: The Politics of Representation*. Basingstoke, UK: Palgrave, 2001.

Pieraccini, Roberto. *The Voice in the Machine: Building Computers That Understand Speech*. Cambridge, MA: MIT Press, 2012.

Poe, Edgar Allan. *The Raven; with, The Philosophy of Composition*. Wakefield, RI: Moyer Bell, 1996.

Pollini, Alessandro. "A Theoretical Perspective on Social Agency." *AI & Society* 24.2 (2009), 165 – 71.

Pooley, Jefferson, and Michael J. Socolow. "War of the Words: The Invasion from Mars and Its Legacy for Mass Communication Scholarship." In *War of the Worlds to Social Media: Mediated Communication in Times of Crisis*, edited by Joy Hayes, Kathleen Battles, and Wendy Hilton-Morrow (New York: Peter Lang, 2013), 35 – 56.

Porcheron, Martin, Joel E. Fischer, Stuart Reeves, and Sarah Sharples. "Voice Interfaces in Everyday Life." *CHI '18: Proceedings of the 2018 CHI Conference on Human Factors in Computing Systems* (2018), 1 – 12.

Powers, David M. W., and Christopher C. R. Turk. *Machine Learning of Natural*

Language. London: Springer-Verlag, 1989.

Pruijt, Hans. "Social Interaction with Computers: An Interpretation of Weizenbaum's ELIZA and Her Heritage." *Social Science Computer Review* 24.4(2006),517 – 19.

Rabiner, Lawrence R., and Ronald W. Schafer. "Introduction to Digital Speech Processing." *Foundations and Trends in Signal Processing* 1.1 – 2(2007),1 – 194.

Rasskin-Gutman, Diego. *Chess Metaphors: Artificial Intelligence and the Human Mind*. Cambridge, MA: MIT Press, 2009.

Reeves, Byron, and Clifford Nass. *The Media Equation: How People Treat Computers, Television, and New Media like Real People and Places*. Stanford, CA: CSLI, 1996.

Rhee, Jennifer. "Beyond the Uncanny Valley: Masahiro Mori and Philip K. Dick's *Do Androids Dream of Electric Sheep?*" *Configurations* 21.3(2013),301 – 29.

Rhee, Jennifer. "Misidentification's Promise: The Turing Test in Weizenbaum, Powers, and Short." *Postmodern Culture* 20.3(2010). Available online at https://muse. jhu. edu/article/444706. Retrieved 8 January 2020.

Riskin, Jessica. "The Defecating Duck, or, the Ambiguous Origins of Artificial Life." *Critical Inquiry* 29.4(2003),599 – 633.

Russell, Stuart J., and Peter Norvig. *Artificial Intelligence: A Modern Approach*. Upper Saddle River, NJ: Pearson Education, 2002.

Rutschmann, Ronja, and Alex Wiegmann. "No Need for an Intention to Deceive? Challenging the Traditional Definition of Lying." *Philosophical Psychology* 30.4 (2017),438 – 57.

"Samuel L. Jackson — Celebrity Voice for Alexa." Amazon. com, N. d. Available at https://www. amazon. com/Samuel-L-Jackson-celebrity-voice/dp/B07WS3HN5Q. Retrieved 12 December 2019.

Samuel, Arthur L. "Some Studies in Machine Learning Using the Game of Checkers." *IBM Journal of Research and Development* 3(1959),210 – 29.

Saygin, Ayse Pinar, Ilyas Cicekli, and Varol Akman. "Turing Test: 50 Years Later." *Minds and Machines* 10(2000),463 – 518.

Schank, Roger C. *Tell Me a Story: Narrative and Intelligence*. Evanston, IL: Northwestern University Press, 1995.

Schank, Roger C., and Robert P. Abelson. *Scripts, Plans, Goals, and Understanding: An Inquiry into Human Knowledge Structures*. Hillsdale, NJ: Erlbaum, 1977.

Schiaffonati, Viola. *Robot, Computer ed Esperimenti*. Milano, Italy: Meltemi, 2020.

Schieber, Stuart, ed. *The Turing Test: Verbal Behavior as the Hallmark of Intelligence*. Cambridge, MA: MIT Press, 2003.

Scolari, Carlos A. *Las leyes de la interfaz*. Barcelona: Gedisa, 2018.

Sconce, Jeffrey. *The Technical Delusion: Electronics, Power, Insanity*. Durham, NC: Duke University Press, 2019.

Sconce, Jeffrey. *Haunted Media: Electronic Presence from Telegraphy to Television*.

Durham, NC: Duke University Press, 2000.

Schuetzler, Ryan M., G. Mark Grimes, and Justin Scott Giboney. "The Effect of Conversational Agent Skill on User Behavior during Deception." *Computers in Human Behavior* 97(2019),250 – 59.

Schulte, Stephanie Ricker. *Cached: Decoding the Internet in Global Popular Culture*. New York: New York University Press, 2013.

Schüttpelz, Erhard. "Get the Message Through: From the Channel of Communication to the Message of the Medium (1945 – 1960)." In *Media, Culture, and Mediality. New Insights into the Current State of Research*, edited by Ludwig Jäger, Erika Linz, and Irmela Schneider (Bielefeld, Germany : Transcript, 2010),109 – 38.

Searle, John R. "Minds, Brains, and Programs." *Behavioral and Brain Sciences* 3.3 (1980),417 – 57.

Shannon, Claude. "The Mathematical Theory of Communication." In *The Mathematical Theory of Communication*, edited by Claude Elwood Shannon and Warren Weaver (Urbana: University of Illinois Press, 1949),29 – 125.

Shaw, Bertrand. *Pygmalion*. New York: Brentano, 1916.

Shieber, Stuart, ed. *The Turing test: Verbal behavior as the hallmark of intelligence* (Cambridge, MA: MIT Press, 2004).

Shieber, Stuart. "Lessons from a Restricted Turing Test." *Communications of the Association for Computing Machinery* 37.6(1994),70 – 78.

Shrager, Jeff. "The Genealogy of Eliza." Elizagen. org, date unknown. Available at http://elizagen.org/. Retrieved 10 February 2020.

Siegel, Michael Steven. "Persuasive Robotics: How Robots Change Our Minds." PhD diss., Massachusetts Institute of Technology, 2009.

Simon, Bart. "Beyond Cyberspatial Flaneurie: On the Analytic Potential of Living with Digital Games." *Games and Culture* 1.1(2006),62 – 67.

Simon, Herbert. "Reflections on Time Sharing from a User's Point of View." *Computer Science Research Review* 45(1966): 31 – 48.

Sirois-Trahan, Jean-Pierre. "Mythes et limites du train-qui-fonce-sur-les-spectateurs." In *Limina: Le Soglie Del Film*, edited by Veronica Innocenti and Valentina Re (Udine, Italy: Forum, 2004),203 – 16.

Smith, Gary. *The AI Delusion*. Oxford: Oxford University Press, 2018.

Smith, Merritt Roe, and Leo Marx, eds. *Does Technology Drive History? The Dilemma of Technological Determinism*. Cambridge, MA: MIT Press, 1994.

Smith, Rebecca M. "Microsoft Bob to Have Little Steam, Analysts Say." *Computer Retail Week* 5.94(1995),37.

Sobchack, Vivian. "Science Fiction Film and the Technological Imagination." In *Technological Visions: The Hopes and Fears That Shape New Technologies*, edited by Marita Sturken, Douglas Thomas, and Sandra Ball-Rokeach (Philadelphia: Temple

University Press, 2004), 145 – 58.′

Solomon, Matthew. *Disappearing Tricks: Silent Film, Houdini, and the New Magic of the Twentieth Century*. Urbana: University of Illinois Press, 2010.

Solomon, Robert C. "Self, Deception, and Self-Deception in Philosophy." In *The Philosophy of Deception*, edited by Clancy W. Martin (Oxford: Oxford University Press, 2009), 15 – 36.

Soni, Jimmy, and Rob Goodman. *A Mind at Play: How Claude Shannon Invented the Information Age*. Simon and Schuster, 2017.

Sonnevend, Julia. *Stories without Borders: The Berlin Wall and the Making of a Global Iconic Event*. New York: Oxford University Press, 2016.

Sontag, Susan. *On Photography*. New York: Anchor Books, 1990.

Sproull, Lee, Mani Subramani, Sara Kiesler, Janet H. Walker, and Keith Waters. "When the Interface Is a Face." *Human-Computer Interaction* 11.2(1996), 97 – 124.

Spufford, Francis, and Jennifer S. Uglow. *Cultural Babbage: Technology, Time and Invention*. London: Faber, 1996.

Stanyer, James, and Sabina Mihelj. "Taking Time Seriously? Theorizing and Researching Change in Communication and Media Studies." *Journal of Communication* 66. 2 (2016), 266 – 79.

Steinel, Wolfgang, and Carsten KW De Dreu. "Social Motives and Strategic Misrepresentation in Social Decision Making." *Journal of Personality and Social Psychology* 86.3(2004), 419 – 34.

Sterne, Jonathan. *The Audible Past: Cultural Origins of Sound Reproduction*. Durham, NC: Duke University Press, 2003.

Sterne, Jonathan. *MP3: The Meaning of a Format*. Durham, NC: Duke University Press, 2012.

Stokoe, Elizabeth, Rein Ove Sikveland, Saul Albert, Magnus Hamann, and William Housley. "Can Humans Simulate Talking Like Other Humans? Comparing Simulated Clients to Real Customers in Service Inquiries." *Discourse Studies* 22.1(2020), 87 – 109.

Stork, David G., ed. *HAL's Legacy: 2001's Computer as Dream and Reality*. Cambridge, MA: MIT Press, 1997.

Streeter, Thomas. *The Net Effect: Romanticism, Capitalism, and the Internet*. New York: New York University Press, 2010.

Stroda, Una. "Siri, Tell Me a Joke: Is There Laughter in a Transhuman Future?" In *Spiritualities, Ethics, and Implications of Human Enhancement and Artificial Intelligence*, edited by Christopher Hrynkow (Wilmington, DE: Vernon Press, 2020), 69 – 85.

Suchman, Lucy. *Human-Machine Reconfigurations: Plans and Situated Actions*. Cambridge: Cambridge University Press, 2007.

Suchman, Lucy. *Plans and Situated Actions: The Problem of Human-Machine Communication*. Cambridge: Cambridge University Press, 1987.

Sussman, Mark. "Performing the Intelligent Machine: Deception and Enchantment in the Life of the Automaton Chess Player." *TDR/The Drama Review* 43.3(1999),81 – 96.

Sweeney, Miriam E. "Digital Assistants." In *Uncertain Archives: Critical Keywords for Big Data*, edited by Nanna Bonde Thylstrup, Daniela Agostinho, Annie Ring, Catherine D'Ignazio, and Kristin Veel (Cambridge, MA: MIT Press, 2020). Pre-print available at https://ir.ua.edu/handle/123456789/6348. Retrieved 7 November 2020.

Sweeney, Miriam E. "Not Just a Pretty (Inter)face: A Critical Analysis of Microsoft's 'Ms. Dewey.'" PhD diss., University of Illinois at Urbana-Champaign, 2013.

Tavinor, Grant. "Videogames and Interactive Fiction." *Philosophy and Literature* 29.1 (2005),24 – 40.

Thibault, Ghislain. "The Automatization of Nikola Tesla: Thinking Invention in the Late Nineteenth Century." *Configurations* 21.1(2013),27 – 52.

Thorson, Kjerstin, and Chris Wells. "Curated Flows: A Framework for Mapping Media Exposure in the Digital Age." *Communication Theory* 26(2016),309 – 28.

Tognazzini, Bruce. "Principles, Techniques, and Ethics of Stage Magic and Their Application to Human Interface Design." In *CHI '93" Proceedings of the INTERACT '93 and CHI '93 Conference on Human Factors in Computing Systems* (1993),355 – 62.

Torrance, Thomas F. *The Christian Doctrine of God, One Being Three Persons*. London: Bloomsbury, 2016.

Towns, Armond R. "Toward a Black Media Philosophy Toward a Black Media Philosophy." *Cultural Studies*, published online before print 13 July 2020, doi: 10. 1080/09502386.2020.1792524.

Treré, Emiliano. *Hybrid Media Activism: Ecologies, Imaginaries, Algorithms*. London: Routledge, 2018.

Triplett, Norman. "The Psychology of Conjuring Deceptions." *American Journal of Psychology* 11.4(1900),439 – 510.

Trower, Tandy. "Bob and Beyond: A Microsoft Insider Remembers." *Technologizer,* 29 March 2010. Available at https://www.technologizer.com/2010/03/29/bob-and-beyond-a-microsoft-insider-remembers. Retrieved 19 November 2019.

Trudel, Dominique. "L'abandon du projet de construction de la Tour Lumie're Cybernétique de La Défense." *Le Temps des médias* 1(2017),235 – 50.

Turing, Alan. "Computing Machinery and Intelligence." *Mind* 59.236(1950),433 – 60.

Turing, Alan. "Lecture on the Automatic Computing Engine" (1947). In *The Essential Turing*, edited by Jack Copeland (Oxford: Oxford University Press, 2004),394.

Turkle, Sherry. *Alone Together: Why We Expect More from Technology and Less from Each Other*. New York: Basic Books, 2011.

Turkle, Sherry. ed. *Evocative Objects: Things We Think With*. Cambridge, MA: MIT Press, 2007.

Turkle, Sherry. *Life on the Screen: Identity in the Age of the Internet*. New York: Weidenfeld and Nicolson, 1995.

Turkle, Sherry. *Reclaiming Conversation: The Power of Talk in a Digital Age*. London: Penguin, 2015.

Turkle, Sherry. *The Second Self: Computers and the Human Spirit*. Cambridge, MA: MIT Press, 2005.

Turner, Fred. *From Counterculture to Cyberculture: Stewart Brand, the Whole Earth Network, and the Rise of Digital Utopianism*. Chicago: University of Chicago Press, 2006.

"The 24 Funniest Siri Answers That You Can Test with Your Iphone." Justsomething. co, Available at http://justsomething. co/the-24-funniest-siri-answers-that-you-can-test-with-your-iphone/. Retrieved 18 May 2018.

Uttal, William, *Real-Time Computers*. New York: Harper and Row, 1968.

Vaccari, Cristian, and Andrew Chadwick. "Deepfakes and Disinformation: Exploring the Impact of Synthetic Political Video on Deception, Uncertainty, and Trust in News." *Social Media and Society* (forthcoming).

Vaidhyanathan, Siva. *The Googlization of Everything: (And Why We Should Worry)*. Berkeley: University of California Press, 2011.

Vara, Clara Fernández. "The Secret of Monkey Island: Playing between Cultures." In *Well Played 1. 0: Video Games, Value and Meaning*, edited by Drew Davidson (Pittsburgh: ETC Press, 2010), 331 – 52.

Villa-Nicholas, Melissa, and Miriam E. Sweeney. "Designing the 'Good Citizen' through Latina Identity in USCIS's Virtual Assistant 'Emma.'" *Feminist Media Studies* (2019), 1 – 17.

Vincent, James. "Inside Amazon's $ 3. 5 Million Competition to Make Alexa Chat Like a Human." *Verge*, 13 June 2018. Available at https://www. theverge. com/2018/6/13/17453994/amazon-alexa-prize-2018-competition-conversational-ai-chatbots. Retrieved 12 January 2020.

Von Hippel, William, and Robert Trivers. "The Evolution and Psychology of Self Deception." *Behavioral and Brain Sciences* 34.1(2011): 1 – 16.

Wahrman, Dror. *Mr Collier's Letter Racks: A Tale of Art and Illusion at the Threshold of the Information Age*. Oxford: Oxford University Press, 2012.

Wallace, Richard S. "The Anatomy of A. L. I. C. E." In *Parsing the Turing Test*, edited by Robert Epstein, Gary Roberts, and Grace Beber (Amsterdam: Springer), 181 – 210.

Walsh, Toby. *Android Dreams: The Past, Present and Future of Artificial Intelligence*. Oxford: Oxford University Press, 2017.

Wardrip-Fruin, Noah. *Expressive Processing: Digital Fictions, Computer Games, and Software Studies*. Cambridge, MA: MIT Press, 2009.

Warner, Jack. "Microsoft Bob Holds Hands with PC Novices, Like It or Not." *Austin American-Statesman*, 29 April 1995, D4.

Warwick, Kevin, and Huma Shah. *Turing's Imitation Game*. Cambridge: Cambridge University Press, 2016.

Watt, William C. "Habitability." *American Documentation* 19.3(1968),338 – 51.

Weil, Peggy. "Seriously Writing SIRI." *Hyperrhiz: New Media Cultures* 11(2015). Available at http://hyperrhiz. io/hyperrhiz11/essays/seriously-writing-siri. html. Retrieved 29 November 2019.

Weizenbaum, Joseph. *Islands in the Cyberstream: Seeking Havens of Reason in a Programmed Society*. Duluth, MN: Litwin Books, 2015.

Weizenbaum, Joseph. *Computer Power and Human Reason*. New York: Freeman, 1976.

Weizenbaum, Joseph. "Contextual Understanding by Computers." *Communications of the ACM* 10.8(1967),474 – 80.

Weizenbaum, Joseph. "ELIZA: A Computer Program for the Study of Natural Language Communication between Man and Machine." *Communications of the ACM* 9.1(1966), 36 – 45.

Weizenbaum, Joseph. "How to Make a Computer Appear Intelligent." *Datamation* 7 (1961): 24 – 26.

Weizenbaum, Joseph. "Letters: Computer Capabilities." *New York Times*, 21 March 1976,201.

Weizenbaum, Joseph. "On the Impact of the Computer on Society: How Does One Insult a Machine?" *Science* 176(1972),40 – 42.

Weizenbaum, Joseph. "The Tyranny of Survival: The Need for a Science of Limits." *New York Times*, 3 March 1974,425.

West, Emily. "Amazon: Surveillance as a Service." *Surveillance & Society* 17(2019), 27 – 33.

West, Mark, Rebecca Kraut, and Han Ei Chew, *I'd Blush If I Could: Closing Gender Divides in Digital Skills through Education* UNESCO, 2019.

Whalen, Thomas. "Thom's Participation in the Loebner Competition 1995: Or How I Lost the Contest and Re-Evaluated Humanity." Available at http://hps. elte. hu/~ gk/Loebner/story95. htm. Retrieved 27 November 2019.

Whitby, Blay. "Professionalism and AI." *Artificial Intelligence Review* 2(1988),133 – 39.

Whitby, Blay. "Sometimes It's Hard to Be a Robot: A Call for Action on the Ethics of Abusing Artificial Agents." *Interacting with Computers* 20(2008),326 – 33.

Whitby, Blay. "The Turing Test: AI's Biggest Blind Alley?" In *Machines and Thought:*

The Legacy of Alan Turing, edited by Peter J. R. Millican and Andy Clark (Oxford: Clarendon Press, 1996), 53 – 62.

Wiener, Norbert. *Cybernetics, or Control and Communication in the Animal and the Machine*. New York: Wiley, 1948.

Wiener, Norbert. *God & Golem, Inc.: A Comment on Certain Points Where Cybernetics Impinges on Religion*. Cambridge, MA: MIT Press, 1964).

Wiener, Norbert. *The Human Use of Human Beings*. New York: Doubleday, 1954.

Wilf, Eitan. "Toward an Anthropology of Computer-Mediated, Algorithmic Forms of Sociality." *Current Anthropology* 54.6(2013), 716 – 39.

Wilford, John Noble. "Computer Is Being Taught to Understand English." *New York Times*, 15 June 1968, 58.

Wilks, Yorick. *Artificial Intelligence: Modern Magic or Dangerous Future*. London: Icon Books, 2019.

Willson, Michele. "The Politics of Social Filtering." *Convergence* 20.2(2014), 218 – 32.

Williams, Andrew. *History of Digital Games*. London: Routledge, 2017.

Williams, Raymond. *Television: Technology and Cultural Form*. London: Fontana, 1974.

Wilner, Adriana, Tania Pereira Christopoulos, Mario Aquino Alves, and Paulo C. Vaz Guimarães. "The Death of Steve Jobs: How the Media Design Fortune from Misfortune." *Culture and Organization* 20.5(2014), 430 – 49.

Winograd, Terry. "A Language/Action Perspective on the Design of Cooperative Work." *Human-Computer Interaction* 3.1(1987), 3 – 30.

Winograd, Terry. "What Does It Mean to Understand Language?" *Cognitive Science* 4.3 (1980), 209 – 41.

Woods, Heather Suzanne. "Asking More of Siri and Alexa: Feminine Persona in Service of Surveillance Capitalism." *Critical Studies in Media Communication* 35.4(2018), 334 – 49.

Woodward, Kathleen. "A Feeling for the Cyborg." In *Data Made Flesh: Embodying Information*, edited by Robert Mitchell and Phillip Thurtle (New York: Routledge, 2004), 181 – 97.

Wrathall, Mark A. *Heidegger and Unconcealment: Truth, Language, and History*. Cambridge: Cambridge University Press, 2010.

Wrathall, Mark A. "On the 'Existential Positivity of Our Ability to Be Deceived.'" In *The Philosophy of Deception*, edited by Clancy W. Martin (Oxford: Oxford University Press, 2009), 67 – 81.

Wünderlich, Nancy V., and Stefanie Paluch. "A Nice and Friendly Chat with a Bot: User Perceptions of AI-Based Service Agents." *ICIS 2017: Transforming Society with Digital Innovation* (2018), 1 – 11.

Xu, Kun. "First Encounter with Robot Alpha: How Individual Differences Interact with

Vocal and Kinetic Cues in Users' Social Responses." *New Media* & *Society* 21.11 – 12 (2019), 2522 – 47.

Yannakakis, Georgios N., and Julian Togelius. *Artificial Intelligence and Games*. Cham, Switzerland: Springer, 2018.

Young, Liam. ' "I'm a Cloud of Infinitesimal Data Computation' : When Machines Talk Back: An Interview with Deborah Harrison, One of the Personality Designers of Microsoft's Cortana AI." *Architectural Design* 89.1(2019), 112 – 17.

Young, Miriama. *Singing the Body Electric: The Human Voice and Sound Technology*. London: Routledge, 2016.

Zachary, Loeb. "Introduction." In Joseph Weizenbaum, *Islands in the Cyberstream: Seeking Havens of Reason in a Programmed Society* (Sacramento, CA: Liewing Books, 2015), 1 – 25.

Zdenek, Sean. "Artificial Intelligence as a Discursive Practice: The Case of Embodied Software Agent Systems." *AI* & *Society* 17(2003), 353.

Zdenek, Sean. " ' Just Roll Your Mouse over Me ' : Designing Virtual Women for Customer Service on the Web." *Technical Communication Quarterly* 16.4 (2007), 397 – 430.

Zdenek, Sean. "Rising Up from the MUD: Inscribing Gender in Software Design." *Discourse* & *Society* 10.3(1999), 381.

人名翻译对照表

（按中译名拼音首字母排序）

绪论

阿尔弗莱德·杰尔	Alfred Gell
埃尔基·胡塔莫	Erkki Huhtamo
艾伦·图灵	Alan Turing
安德烈亚斯·赫普	Andreas Hepp
安德里亚·古兹曼	Andrea Guzman
奥逊·威尔斯	Orson Welles
阿琼·阿帕杜赖	Arjun Appadurai
巴伦·李维斯	Byron Reeves
恩斯特·贡布里希	Ernst Gombrich
克利夫·纳斯	Clifford Nass
丽莎·吉特尔曼	Lisa Gitelman
露西·萨奇曼	Lucy Suchman
迈克尔·布莱克	Michael Black
马克·拉索尔	Mark A. Wrathall
皮埃尔·布尔迪厄	Pierre Bourdieu
乔纳森·斯特恩	Jonathan Sterne
桑达尔·皮查伊	Sundar Pichai
唐纳德·霍夫曼	Donald D. Hoffman
塔伊娜·布赫	Taina Bucher
雪莉·特克尔	Sherry Turkle
雅克·德·沃康松	Jacques de Vaucanson
尤西·帕里卡	Jussi Parikka

第一章

艾伦·图灵	Alan Turing
保罗·杜里什	Paul Dourish
伯纳德·盖根	Bernard Geoghegan
布莱·惠特比	Blay Whitby
布莱恩·克里斯汀	Brian Christian
布伦达·劳雷尔	Brenda Laurel
大卫·贡克尔	David Gunkel
凯特·福克斯	Kate Fox
克劳德·香农	Claude Shannon
玛格丽特·福克斯	Margaret Fox
迈克尔·法拉第	Michael Faraday
马歇尔·麦克卢汉	Marshall McLuhan
诺伯特·维纳	Norbert Wiener
乔治·罗梅罗	George Romero
托马斯·内格尔	Thomas Nagel
沃尔特·皮茨	Walter Pitts
沃伦·麦考洛克	Warren McCulloch
雪莉·特克尔	Sherry Turkle
亚历山大·克朗罗德	Alexander Kronrod
约翰·杜伦·彼得斯	John Durham Peters
约翰·赫伊津哈	Johan Huizinga
约瑟夫·维森鲍姆	Joseph Weizenbaum

第二章

埃尔温·薛定谔	Erwin Schrödinger
艾伦·纽厄尔	Allen Newell
安东尼·奥汀格	Anthony G. Oettinger
黛安·马丁	C. Dianne Martin
道格拉斯·侯世达	Douglas Hofstadter
大卫·哈格尔巴格	David Hagelbarger
戈登·帕斯克	Gordon Pask
赫伯特·西蒙	Herbert Simon
凯瑟琳·海勒斯	Katherine Hayles
克劳德·香农	Claude Shannon
洛里·爱默生	Lori Emerson
露西·萨奇曼	Lucy Suchman

马丁·格林伯格	Martin Greenberger
马文·明斯基	Marvin Minsky
麦考杜克	McCorduck
尼尔斯·玻尔	Niels Bohr
全喜卿	Wendy Hui Kyong Chun
斯坦利·库布里克	Stanley Kubrick
沃纳·海森堡	Werner Heisenberg
亚瑟·克拉克	Arthur C. Clarke
亚瑟·塞缪尔	Arthur L. Samuel
约翰·麦卡锡	John McCarthy
约瑟夫·利克莱德	J. R. C. Licklider
约瑟夫·维森鲍姆	Joseph Weizenbaum

第三章

安德鲁·伦纳德	Andrew Leonard
阿达·洛芙莱斯	Ada Lovelace
彼得·诺维格	Peter Norvig
布鲁诺·拉图尔	Bruno Latour
丹尼尔·克瑞维尔	Daniel Crevier
大卫·艾杰顿	David Edgerton
加里·卡斯帕罗夫	Garry Kasparov
杰里米·伯恩斯坦	Jeremy Bernstein
杰伦·拉尼尔	Jaron Lanier
肯尼斯·马克·科尔比	Kenneth Mark Colby
玛格丽特·博登	Margaret Boden
马克·马里诺	Mark Marino
马克·约翰逊	Mark Johnson
诺亚·沃德瑞普弗洛因	Noah Wardrip-Fruin
乔治·莱考夫	George Lakoff
斯坦利·库布里克	Stanley Kubrick
斯图尔特·罗素	Stuart Russell
塔伊娜·布赫	Taina Bucher
雪莉·特克尔	Sherry Turkle
伊莉莎·杜利特尔	Eliza Doolittle
约瑟夫·维森鲍姆	Joseph Weizenbaum
珍妮特·默里	Janet H. Murray
朱莉亚·索内文德	Julia Sonnevend

兹德内克	Zdenek

第四章

阿达·洛芙莱斯	Ada Lovelace
阿尔弗雷德·杰尔	Alfred Gell
艾德·伍德	Ed Wood
安德鲁·伦纳德	Andrew Leonard
阿琼·阿帕杜赖	Arjun Appadurai
巴伦·李维斯	Byron Reeves
达斯·维达	Darth Vader
费尔南多·科尔巴托	Fernando Corbato
芬威克·麦凯尔维	Fenwick Mckelvey
克利夫·纳斯	Clifford Nass
卢克·天行者	Luke Skywalker
露西·萨奇曼	Lucy Suchman
迈克尔·马奥尼	Michael S. Mahoney
诺亚·沃德瑞普弗洛因	Noah Wardrip-Fruin
乔纳森·莱萨德	Jonathan Lessard
乔治·坎贝尔	George Campbell
威廉·克劳瑟	William Crowther
小盖	Guybrush Threepwood
休伯特·德雷福斯	Herbert Dreyfus
扬米·穆恩	Youngme Moon
詹姆斯·克拉克·麦克斯韦	James Clerk Maxwell

第五章

奥利弗·斯特里姆佩尔	Oliver Strimpel
巴纳姆	P. T. Barnum
彼得·纳吉	Peter Nagy
布莱恩·克里斯汀	Brian Christian
布鲁诺·拉图尔	Bruno Latour
蒂莫西·比克莫尔	Timothy Bickmore
恩斯特·贡布里希	Ernst Gombrich
弗洛里安·穆勒	Florian Muhle
杰森·哈钦斯	Jason Hutchens
吉娜·聂夫	Gina Neff
肯·科尔比	Ken Colby

罗伯特·爱泼斯坦	Robert Epstein
罗莎琳德·皮卡德	Rosalind Pickard
玛格丽特·博登	Margaret Boden
马克·汉弗莱斯	Mark Humphrys
马克·马里诺	Mark Marino
马克·萨斯曼	Mark Sussman
米里亚姆·斯威尼	Miriam Sweeney
尼古拉斯·尼葛洛庞帝	Nicholas Negroponte
皮埃尔·布尔迪厄	Pierre Bourdieu
斯图尔特·谢伯	Stuart Shieber
唐纳德·特朗普	Donald Trump
特蕾莎·梅	Theresa May
托马斯·惠伦	Thomas Whalen
温顿·瑟夫	Vint Cerf
休·勒布纳	Hugh Loebner
伊恩·莱斯利	Ian Leslie
约瑟夫·温特劳布	Joseph Weintraub
雨果·明斯特伯格	Hugo Münsterberg

第六章

艾米丽·麦克阿瑟	Emily MacArthur
安德里亚·古兹曼	Andrea Guzman
亨利·库克	Henry Cooke
杰夫·贝索斯	Jeff Bezos
拉里·佩奇	Larry Page
玛格丽特·博登	Margaret Boden
米里亚姆·斯威尼	Miriam Sweeney
塞缪尔·杰克逊	Samuel Lee Jackson
邵·潘	Thao Phan
史蒂夫·乔布斯	Steve Jobs
托马斯·阿尔瓦·爱迪生	Thomas Alva Edison
沃尔特·李普曼	Walter Lippmann
谢尔盖·布林	Sergei Brin
詹姆斯·文森特	James Vincent
朱迪思·多纳特	Judith Donath

结语

本雅明·内塔尼亚胡	Benjamin Netanyahu
大卫·贡克尔	David Gunkel
玛格丽特·博登	Margaret Boden
约瑟夫·维森鲍姆	Joseph Weizenbaum

索　引

译后记

    作为广告学出身的学者，我默认媒介是一种载体、一种工具或一种渠道，似乎从来没有深入思考过人与媒介的关系。翻译本书之前，我刚在研究范式高度量化的美国完成硕博训练。其间，用数据来预测行为、验证因果是永恒的追求，"社会运行的规律"被框定为由自变量、中介变量、调节变量和因变量组成的复杂模型。模型是否成立，则由操作化、信效度、显著性等指标决定，一切的一切都是那么的"客观""科学"。当然，在某节课上一带而过的名词解释里，的确出现过"思辨研究""文化研究""批判研究"等字眼，但它们到底是什么，又能揭示什么，我并不清楚——直到本书为我打开新世界的大门。通读本书，作者的观点清晰明确，语言简单易懂，从欺骗的角度理解人机关系，颇为有趣，很适合思辨经验不多的学生、传媒从业人士或像我一样的量化研究者。

    翻译本书的过程中，核心词"deception"是否直译为"欺骗"让我纠结良久，因为英文表达偏好简单直接，有感染力，而中文表达，尤其是学术语言，强调中性化、去情感化。例如，水门"事件"的英文表述为"水门丑闻"（the Watergate Scandal），福岛核"事故"在英文报道中普遍被称为福岛核"灾难"（the Fukushima Nuclear Disaster）。"欺骗"无疑是一个让人充满负面联想的词。那么，我该遵循中文习惯将其替换为"错觉""误觉""蒙蔽"等更加中性的词，还是遵循原书的思想，保留"欺骗"二字呢？在对"deception"的已有中文译法进行详细梳理，并反复研读本书后，我最终选择了第二种方案。一方面，"deception"是传播学和心理学领域的专有名词，已有"人际欺骗理论""自我欺骗"等中文表述，本书的作者也是在这些学科理论的基础上对媒介的欺骗性进行了讨论；另一方面，对"欺骗"这一全然负面的词汇进行概念拓展和非二元解读是本书的主要目的。为此，作者提出了"庸常欺骗"的概念，充分讨论了它与非欺骗感知和其他类型的欺骗之间的关系，并强调"比起'错觉'（illusion）一词，我认为'欺骗'（deception）更贴切。'欺骗'暗示着某种形式的主体能动性，能更清楚地展现出人工智能开发者为实现预期效果而付出的主动努力"（第9页）。若替换"欺骗"这一表述，作者的这些论证都将不再成立。因此，为了准确地传达作者的思想，中文译本在语言习惯上有所让步。值得指出的是，尽管有意使用"欺骗"一词，作者仍十分肯定媒介的欺骗性对于大众和用户而言的益处。可以说，"营造体验"作为一种媒介特性，本身是中性的，但鉴于它可能造成的社会破坏，作者选择为它冠以"欺骗"之名，以戒履霜之渐。

本书快要翻译完成时，以ChatGPT为代表的生成式AI（generative AI）横空出世，打破了历代AI只能检索和呈现信息，却难以进行内容生产的功能局限，造成巨大轰动。我几乎立刻开始思考，基于对话式AI（communicative AI）建构起的本书思想，在新一代AI面前是否仍然成立？不可否认，每一代AI都在公共舆论场中拥有代表性议题，对普通用户而言，对话式AI的功能突破在于能够处理和输出自然语言，即听"人话"和说"人话"。因此，"人性投射"成为围绕对话式AI的核心争论。相比之下，生成式AI的功能突破在于高度整合和"原创"内容（用去人性化的语言来说，是高度"缝合"内容）。因此，内容质量、版权争议和"AI能否替代人类进行内容生产"成了生成式AI时代的讨论焦点。然而，AI的升级换代并未改变自其诞生以来人们就不断追问的终极问题：AI有自己的思想和人格吗？本书正是对此进行了回应。从本书的内容来看，作者无疑持否定态度。这从他使用"欺骗"一词来描述人机关系，并将欺骗性视作支撑AI运行的一个基础结构，地位如同电路、程序、数据一般就能看出。后来在受邀为中译本写序时，作者也明确了这一点。对话式 AI 的"人性"也好，生成式 AI 的"原创"也好，都是开发人员利用人类的感知特质和心理特质营造出的错觉。真正拥有这些品质和能力的是人类用户，是他们将这一切投射到 AI 身上，使得 AI 映照出人类的模样。

此外，本书第六章中提到的信息访问控制权问题在生成式 AI 时代或许会变得更为突出。目前，人们尚能轻易地察觉生成式 AI 在信息全面性和可靠性上的不足（如 ChatGPT 被网友戏称为"一本正经的胡说八道"），从而手动转向其他渠道寻找更公正、更高质量的答案。但是，当 AI 的功能日益强大，提供的内容越来越"看不出问题"，人们将越发满足于 AI 给出的答案，失去进一步查找、核实和加工的动力。届时，"浏览"等行为将进一步消失，本存在于网络上的多元信息将越发"幽灵化"——它们的确存在，但再也无法被感知。用户能够获取怎样的信息全由生成式 AI 及其背后的公司决定。长此以往，或许多元信息也将不复存在，AIGC（AI generated content，指由AI 生成的内容）将占领网络，而人类的"创作"能力会日渐萎缩。从这个角度而言，作者使用"欺骗"这样的负面词汇警示 AI 对人类社会的潜在破坏具有一定意义。

我毫不怀疑，终有一天 AI 会在功能性上全面超越人类，哪怕是在艺术创作等目前普遍被视作 AI 短板的领域。实际上，至少在我所熟悉的广告行业，已有不少广告公司全面试水使用 AI 来生成视觉画面和文案描述，甚至用它进行市场调研和洞察提取。尽管广告不是全然的艺术，并且现阶段 AI 生成的作品就算工整，也依然被认为"没有灵魂和感情"。但我相信，AI（及其背后的开发人员）将很快学会怎么处理作品，让人类观众体会到"灵魂和感情"。不过，这究竟代表 AI 拥有这些品质，还是代表它们功能完备、设计精巧、骗术高超呢？以及，AI 最终会成为功能强大但没有思想的机械工具，还是拥有独立意识的主体存在呢？我相信，在很长一段时间内，人类还将继续争论下去。

汪让

2023 年 5 月 25 日

图书在版编目(CIP)数据

媒介的欺骗性:后图灵时代的人工智能和社会生活/(意)西蒙尼·纳塔莱(Simone Natale)著;
汪让译.—上海:复旦大学出版社,2023.9
(媒介与文明译丛)
书名原文:Deceitful Media:Artificial Intelligence and Social Life after the Turning Test
ISBN 978-7-309-16910-2

Ⅰ.①媒… Ⅱ.①西… ②汪… Ⅲ.①人工智能-研究 Ⅳ.①TP18

中国国家版本馆 CIP 数据核字(2023)第 128960 号

Deceitful Media:Artificial Intelligence and Social Life after the Turning Test by Simone Natale/
ISBN:9780190080372
Copyright © Oxford University Press 2021
Deceitful Media:Artificial Intelligence and Social Life after the Turing Test, First Edition was
originally published in English in 2021. This translation is published by arrangement with Oxford
University Press. Fudan University Press Co., Ltd. is responsible for this translation from the
original work and Oxford University Press shall have no liability for any errors, omissions or
inaccuracies or ambiguities in such translation or for any losses caused by reliance thereon.
本书中文简体翻译版授权由复旦大学出版社有限公司独家出版并限在中国大陆地区销售。
未经出版者书面许可,不得以任何方式复制或发行本书的任何部分。

上海市版权局著作权合同登记号 图字 09-2023-0645

媒介的欺骗性:后图灵时代的人工智能和社会生活
[意] 西蒙尼·纳塔莱(Simone Natale) 著
汪 让 译
责任编辑/刘 畅

复旦大学出版社有限公司出版发行
上海市国权路 579 号 邮编:200433
网址:fupnet@ fudanpress.com http://www.fudanpress.com
门市零售:86-21-65102580 团体订购:86-21-65104505
出版部电话:86-21-65642845
上海四维数字图文有限公司

开本 787 毫米×960 毫米 1/16 印张 14.25 字数 204 千字
2023 年 9 月第 1 版
2023 年 9 月第 1 版第 1 次印刷

ISBN 978-7-309-16910-2/T·737
定价:58.00 元